Riccardo Mezzanotte · Züge der Alpen

Riccardo Mezzanotte

Züge der Alpen

Die 55 schönsten Strecken

Einbandfoto: Ein Zug auf der Albula-Linie im Graubündner Land passiert das gewaltige Landwasser-Viadukt.

Die Originalausgabe ist erschienen unter dem Titel:
Trenini delle Alpi

Aus dem Italienischen übersetzt von Günther Görtz.

Mezzanotte, Ricardo:
Züge der Alpen, -1. Aufl.-
Stuttgart: transpress, 1996. – 144 S.:
357 Abb.

ISBN 3-344-71041-9

Einbandgestaltung: Birgit Karrasch
Lektor: Claus-Jürgen Jacobson

Satz: primustype Robert Hurler GmbH, Notzingen
Druck: Rotolito Lombarda S.p.A., Pioltello (Milano)
Bindung: Rotolito Lombarda S.p.A., Pioltello (Milano)

Printed in Italy

Inhalt

Staaten, Namen der Bahngesellschaften, Kurzzeichen

Frankreich	Société Nationale des Chemins de Fer Français **SNCF**
Italien	Ferrovie dello Stato **FS**
Schweiz	Schweizerische Bundesbahnen **SBB**
	Chemins de Fer Fédéraux Suisses **CFF**
	Ferrovie Federali Svizzere **FFS**
Österreich	Österreichische Bundesbahnen **ÖBB**
Deutschland	Deutsche Bahn AG **DB**

Bahnen und Berge – ein uralter Zauber in unserer modernen Welt

Im Jahre 1829 fand in Rainhill/England ein Rennen zwischen Zugmaschinen verschiedener Bauart statt. Bei der technischen Abnahme fand man, daß in einer von ihnen zur »Verstärkung« ein Pferd versteckt war. Sie wurde disqualifiziert. Andere konnten wegen mechanischer Schäden nicht rechtzeitig am Start erscheinen. Mit großem Vorsprung siegte die *Rocket* von Stephenson, die einen Wagen mit einigen Passagieren mit der beachtlichen Geschwindigkeit von 48 km/h ins Ziel schleppte. Die Lokomotive hatte ihre Reifeprüfung bestanden. Seit dieser Zeit wuchs in Europa und Amerika ein dichtes Eisenbahnnetz über das flache Land und begann sich zunehmend stärker auf Wirtschaft, Kultur und Gesellschaftsleben auszuwirken, so daß man zu Recht behaupten konnte, die Dampflokomotive sei ein »Symbol des 19. Jahrhunderts, eines Zeitabschnitts, der von der Perfektionierung der Verkehrsmittel gekennzeichnet ist.«

Stephensons Erfindung schien die Menschheit in der Tat in eine ferne, utopische Zukunft zu führen. »Das gegenwärtige und die kommenden Jahrhunderte werden von der Schaffung des Weltfriedens, vom Sieg der Wissenschaft berichten können, werden zeigen, wie der Dampf Völker und Erdteile einander näherbringt...«, erklärten die unheilbaren Optimisten (Kamden, »La ferrovia del Gottardo«). Bei den Feiern zur Einweihung neuer Bahnstrecken spürte man echte Fröhlichkeit: »Das Einlaufen des Eröffnungszugs auf der ersten schweizerischen Eisenbahnlinie von Zürich nach Basel«, so schrieb eine Zeitung vom 7. August 1847, »wurde mit Salutschüssen begrüßt. Die Lokomotive *Aare* war mit Blumen festlich geschmückt. Zwei Zürcher Maschinisten standen in antiken Uniformen unter wehenden Fahnen auf der Plattform, während ein dritter die Lokomotive führte. Es folgte ein Wagen mit einer Musikkapelle und dahinter die übrigen Waggons.« Die ganze Presse aus jener Zeit war voll von ähnlich beifälligen Berichten.

Doch die Rosen hatten auch ihre Dornen. Es gab Leute, denen das neue Verkehrsmittel ganz und gar nicht gefiel. Die Einwände kamen nicht allein von denen, die – zu Recht oder Unrecht – im Zusammenhang mit den Eisenbahnen Schäden und Nachteile befürchteten, etwa wie die Bauern, deren Äkker von den Gleisen durchschnitten wurden und die Angst hatten, daß die Lokomotiven ihre Felder und Höfe durch Funkenflug in Brand setzen oder die Milch ihrer Kühe verderben könnten. Nein, die Proteste kamen auch von jenen, die alteingebürgerte Gewohnheiten und Rechte bedroht sahen und nun vor Umwälzungen warnten, die das neue Verkehrsmittel auslösen könne.

Jakob Burkhardt berichtete von einer frühen Bahnfahrt, daß man Dinge in unmittelbarer Nähe, wie Bäume oder Hütten, gar nicht recht wahrnehmen könne, denn kaum habe man sich ihnen zugewandt, seien sie schon wieder verschwunden. Und noch ein wenig drastischer: »Die Eisenbahn verwandelt den Menschen vom Reisenden in ein lebendes Gepäckstück.« John Ruskin schrieb: »Das Reisen wird durch die Geschwindigkeit zu einer geisttötenden Angelegenheit.« Der Romancier Alphonse Daudet wiederum konnte eine

Der historische Zug der Zillertalbahn in Österreich.

Reise dritter Klasse nach Paris nicht vergessen und beklagte den allzunahen Kontakt »...mit betrunkenen Matrosen, Bauern, die die Mäuler aufsperrten wie tote Fische, alten Leuten mit ihren Körben, mit Kindern, Flöhen und Ammen... mit dem Gestank nach billigem Tabak und Schnaps und nach Salami mit Knoblauch und schimmligem Stroh« (nach W. Schivalbusch, »Storia del viaggio ferroviario«). Es fehlte auch nicht an Befürchtungen und Warnungen vor Gesundheitsschäden. So behaupteten zwei Zürcher Ärzte: »Infolge der hohen Geschwindigkeiten kann der Mensch in eine Art ›Delirium furiosum‹, einen Rauschzustand, versetzt werden« (Peter Meyer, »Il centenario delle Ferrovie Svizzere«).

Tatsächlich hatten solche Warnungen auch ihre Berechtigung. Man kann zum Beispiel nicht bestreiten, daß durch die rasche Fortbewegung von einem Ort zum anderen gewissermaßen eine Dimension verlorengeht, nämlich das, was dazwischenliegt, und daß auch das Tempo hinderlich ist, wenn der Reisende die Landschaft langsam an sich vorbeiziehen lassen möchte und das Schauen und Beobachten der eigentliche Zweck der Reise ist, wie es die Literaten in Briefen an ihre Freunde und in denkwürdigen Tagebüchern auszudrücken wußten. Überdies erkennt man – läßt man Daudets Überempfindlichkeit einmal beiseite – in der Klage des Dichters einen durchaus wahren Kern: daß nämlich breite Volksschichten nun mit Macht Zugang zu einer Welt finden würden, die bis dahin Domäne einer vornehmen Minderheit gewesen war. Und zielten die Befürchtungen der Zürcher Ärzte nicht vielleicht doch schon auf jene ab, die sich heute dem »Rausch der Geschwindigkeit« hingeben?

Die Philosophie des Reisens hatte sich in wesentlichen Punkten gewandelt, und es war nicht zu leugnen, daß den ins Auge springenden »Aktiva« auch eine Reihe weniger ins Auge fallender »Passiva« gegenüberstand.

Mit typisch britischem Pragmatismus zählte D. Lardner, Professor für Physik und Astronomie an der Londoner Universität, im Jahre 1840 seinen Studenten vierzehn Regeln auf, die vor den Gefahren der Eisenbahn schützen sollten. Die neunte lautete: »Wenn ein Hut wegfliegt oder ein Gepäckstück herabfällt, hüte dich, in dem natürlichen Bestreben, es zu ergreifen, selber aus dem Zug zu fallen.«

Mit solchen (und ähnlichen) Vorsichtsmaßregeln gelang es dann doch, das Reisen mit der Bahn populär zu machen, und die Technik, die dies ermöglichte, wurde nach und nach durch weitere Erfindungen bereichert, so daß auch die Ansprüche einer schnell anwachsenden Zahl von Reisenden befriedigt werden konnten.

Damals sprach man bald davon, daß die Eisenbahn nur etwas für das flache Land (eine »Tochter der Ebene«) sei, und in der Tat wurde die Sache immer dann problematisch, wenn sich die Gleise dem Fuß der Berge näherten.

Die Eisenbahn konnte, angewiesen auf die Reibung zwischen Rad und Schiene, Steigungen nur bis zu etwa sieben Prozent überwinden, das entspricht einem Höhenunterschied von 70 Meter pro Kilometer Strecke. Um Bahnen für steilere Bergstrecken bauen zu können, mußte man daher einige Kunstgriffe und spezielle Techniken anwenden. Die Gleispläne mußten der Topographie des Geländes angepaßt sein und die Trasse mit der geringsten Steigung bevorzugen; es waren Viadukte und serpentinenförmige Aufstiege zu bauen (berühmt ist der am St. Gotthard), Bergmassive zu durchbohren und schmalere Spurweiten zu verwenden, um engere Kurven fahren zu können. Und wenn all dies nicht ausreichte, mußte man die Traktion der Antriebsräder dadurch erhöhen, daß man eine dritte Schiene in Form einer Zahnstange hinzufügte. Der Aufwand sowohl an Ingenieurarbeit als auch an finanziellen Mitteln war gewaltig und erforderte das Zusammenwirken von Regierungen, Parlamenten, sowie öffentlichen und privaten Unternehmern.

Der Eisenbahnbau am Alpenpaß Mont Cenis ist dafür ein gutes Beispiel, das die ständigen Bemühungen um bessere und fortschrittlichere Lösungen demonstriert. Schaut man auf die Karte dieses Gebiets, so findet man, daß dieser Paß die direkteste Verbindung zwischen dem norditalienischen Piemont und Savoyen im Südosten Frankreichs darstellt. Doch seine Höhe von 2080 m stellte zu allen Zeiten ein schwieriges Hindernis dar, dessen Überwindung manchmal zu chaotischen Situationen führte. Gewöhnt an modernes, bequemes Reisen, müssen wir einen Sprung zurück machen und uns die Probleme jener Tage vor Augen führen.

Als in der zweiten Hälfte des 15. Jahrhunderts Heinrich IV. von England mit seinem Hofstaat über den Moncenisio nach Italien reisen wollte, war es Winter und das Wetter entsetzlich. Trotz der Hilfe von Ortskundigen kostete der Aufstieg die Gruppe unsagbare Mühe, und manch einer stürzte auf den vereisten Steilhängen zu Tode. Als sie die Paßhöhe erreichten, so heißt es in der Chronik, »ließ man die Königin und die Damen ihres Gefolges in Ochsenfelle einpacken und, von den Führern an Seilen gehalten, ins Tal hinabgleiten. Einige Pferde wurden mit Seilwinden hinabgelassen, andere ließ man mit zusammengebundenen Füßen hinabrutschen, und nur wenige kamen heil und lebendig an.« (A. Brilli, »Il viaggio in Italia«).

Bis zum Ende des 18. Jahrhunderts hatten sich die Verhältnisse noch nicht wesentlich geändert. Die Ochsenfelle wurden von kleinen Schlitten abgelöst oder aber man packte die Reisenden auf leichte Sitze aus Weidenruten, die an zwei Stangen befestigt waren und von kräftigen Talbewohnern hinabgetragen wurden. Aber mit Kutschen und Wagen ließ sich der Paß noch immer nicht überwinden. Die Fahrzeuge wurden in ihre Bestandteile zerlegt, auf dem Sattel von Maultieren befestigt und am Ende der Bergtour wieder zusammengebaut.

Die Unannehmlichkeiten der armen Alpenreisenden wurden gemildert, als zwischen 1803 und 1810 Napoleon (der den Weg gut kannte, da er sein Heer bei der Eroberung Italiens über diesen Paß geführt hatte) die neue Straße bauen ließ, die die alten Maultierpfade ersetzte. Jetzt konnten auch Kutschwagen den Berg überwinden (ein besonderes Schauspiel, weil auf den Steilstrekken sieben Pferde und dreißig Mulis vor den Wagen gespannt werden mußten!), und der gesamte Alpenübergang von Susa nach Saint Michel de Maurienne über Modane konnte bei gutem Wetter in 12 Stunden oder etwas mehr oder weniger bewältigt werden.

Schon früh in der zweiten Hälfte des 19. Jahrhunderts ertönten am Moncenisio die ersten Dampfpfeifen der Lokomotiven. Auf der gewundenen Straße Napoleons hatte ein privates Unternehmen, die Mont-Cenis Railway, Gleise verlegt, auf denen angeblich Züge

Die Dampflok U 43 (Krauss, 1911) auf der Feistritztalbahn in der Steiermark/Österreich.

verkehrten, die nach einer Idee von John Fell gebaut waren, einem Ingenieur aus London. Fell hatte einen Bergbahnantrieb mit zusätzlichen Reibkräften entwickelt. Diese Kräfte wurden dadurch erzeugt, daß angetriebene Hilfsräder mit großer Kraft von beiden Seiten an eine Mittelschiene angedrückt wurden. Der Zusatzantrieb wurde nur auf besonders steilen Strecken zugeschaltet und erlaubte Geschwindigkeiten zwischen 17 und 24 km/h. Die Bahnlinie wurde am 15. Juni 1868 eröffnet und verfügte über sechzehn Lokomotiven. Die Personenwagen waren 3,70 m lang und knapp 1,80 m hoch. Sie hatten hohe Fenster, die es den Reisenden ersparten, in die tiefen Abgründe hinunterzuschauen, über die der Zug sich schlängelte. Trotz der feinen Samtbezüge über den Sitzen der 1. Klasse würde ein heutiger Fahrgast den Komfort in diesen Zügen als völlig unzureichend empfinden. Die engen Kurven, die jähen Stöße und die ruckenden Bremsen machten die Fahrt zu einer harten Geduldsprobe für die Ärmsten, die ohnehin schon unter dem Rauch zu leiden hatten, der in großen Schwaden durch die Öllampenöffnungen in den Wagen eindrang. Doch die Reisezeit verkürzte sich auf nur mehr fünfeinhalb Stunden, und auch wenn man die Zeiten für das Ein- und Aussteigen der Fahrgäste und die Zollabfertigung hinzurechnete, dauerte die Fahrt bei weitem nicht so lange wie mit dem Kutschwagen. An der Endstation Saint Michel traf man auf die Gleise der PLM (Paris–Lyon–Méditerranée), während man in Susa in die Züge der Compagnia Vittorio Emanuele umsteigen konnte, so daß die Strecke Turin–Paris in 26 bis 30 Stunden bewältigt werden konnte (E. Pieri, »La ferrovia del Moncenisio e il sistema Fell ad aderenza artificiale«, 1991). Die Bergbahn von Fell erregte in der Presse weltweit Aufsehen. Ein Korrespondent des *Daily Telegraph* widmete ihr einen Artikel, in welchem der Aufstieg von Susa aus beschrieben wird als »...nichts anderes als die Einschraubbewegung eines Korkenziehers«. Doch die ganze Episode war nur von kurzer Dauer: Am 1. November 1871 wurde der Verkehr eingestellt – einerseits wegen der katastrophalen Kostensituation, zum andern weil nur 20 km entfernt ein Tunnel eröffnet worden war, der eine direkte Verbindung zwischen Bardonecchia und Modane herstellte. Der Tunnel führte unter dem Fréjus hindurch, kürzte den Weg erheblich ab und erlaubte Geschwindigkeiten, mit denen der Zug über den Mont Cenis nicht mithalten konnte.

Ein Zug der Bernina-Bahn (RhB) in Graubünden/Schweiz.

Dieses Tunnelprojekt, durch welches das Susatal mit Savoyen (damals noch dem Königreich Sardinien zugehörig) verbunden wurde, hatte das Turiner Parlament am 29. Juni 1857 beschlossen. Die Arbeiten, für die man eine Dauer von 25 Jahren vorgesehen hatte, begannen im Oktober desselben Jahres. Als Savoyen nach dem Ende des 2. Unabhängigkeitskrieges im Tausch gegen die Lombardei und Venetien an die Franzosen abgetreten wurde, beteiligten sich diese an dem Unternehmen und unterzeichneten einen Vertrag, der sie zur Zahlung von 1,9 Millionen Franc verpflichtete. Die Grabungen an den beiden gegenüberliegenden Tunnelseiten bei Bardonecchia und Modane kamen nun so rasch voran, daß die Bauzeit – eine

Seltenheit bei öffentlichen Projekten – um elf Jahre kürzer ausfiel als ursprünglich geplant. Und so trafen die Tunnelbohrer im Innern des Fréjus am Weihnachtstage 1870 aufeinander. Doch das Fest, das man erwartet hatte, fand nicht statt, weil nach der Wende im Krieg gegen Preußen Paris belagert wurde und man in Italien vollauf damit beschäftigt war, das von den Franzosen »geerbte« Rom anstelle von Florenz als neue Hauptstadt einzurichten.

Dem Verkehr im Jahre 1871 übergeben, konnte sich die Bahnlinie Modane–Bardonecchia (jetzt als Cenisio-Linie bezeichnet) rühmen, zwar nicht die erste derartige Bergbahn zu sein (die am Semmering von 1854 und am Brenner von 1862 waren noch früher fertig), aber doch das kühnste Projekt dieser Art; denn es durchquerte die Alpen mit einem 13 km langen Tunnel und stellte für seine Zeit ein wahres technisches Wunderwerk dar. Unter den vielen Feierlichkeiten glänzte besonders der Ball *Excelsior* in der Mailänder Scala, bei dem die Tunneleröffnung als Symbol für den Kampf der Fortschrittlichen gegen den Obskurantismus und für den sozialen Konsens im Volke verwendet wurde.

Ein historischer und ein moderner Zug der Jungfraubahn kurz vor dem Bhf. Kleine Scheidegg (CH).

Unter den zahlreichen alpenüberquerenden Bahnlinien kommt nur die Brennerbahn im wesentlichen ohne Tunnelbauten aus. Der zweite große Eisenbahntunnel nach demjenigen durch das Cenisio-Massiv führte durch den St. Gotthard und wurde 1882 in Betrieb genommen. Mit 15 Kilometern Länge war der Tunnel der Schlußstein zu einer neuen, großen internationalen Bahnlinie, die Italien und Deutschland über die Schweiz miteinander verbindet. Zwei Jahre später konnte der Arlbergtunnel (10 250 m lang) zwischen Tirol und Vorarlberg eingeweiht werden, gefolgt vom Simplontunnel, der von Iselle auf italienischem Boden nach dem schweizerischen Brig führt und zu Beginn unseres Jahrhunderts, am 20. Mai 1906, fertiggestellt wurde. Das gewaltige Bauwerk hält mit 19 803 m den Rekord unter den Alpentunneln. (Bis 1979, als der Oshimizu-Tunnel in Japan dem Verkehr übergeben wurde, war er auch der längste Tunnelbau der Welt.) Die Simplon-Eisenbahn errang grundlegende Bedeutung als europäisches Bindeglied für den schnellen Bahnverkehr zwischen den Großstädten Norditaliens wie Mailand, Turin und Genua und den Hauptstädten in Nordwesteuropa. Auch die Internationale Schlafwagengesellschaft läßt ihren legendären *Orient-Expreß*, der (als unerschöpflicher Stoff für Romanciers und Filmemacher) wieder von Paris über Frankreich, Italien und die Balkanländer nach Istanbul führt, durch den Simplontunnel fahren.

Im gleichen Jahr wie der Simplon- wurde auch der Albulatunnel (5865 m) eröffnet, und ebenfalls seit 1906 verbindet der Lötschbergtunnel (14 612 m) Bern und das Berner Oberland mit der Simplonlinie. Die Tunnel bei Ricken (1910, 8603 m), Grenschenberg (1915, 8578 m) und Hauenstein (1916, 8134 m) vervollständigten die Reihe der transalpinen Tunnelbauwerke, so daß man sagen kann, daß in der Region der großen europäischen Wasserscheide weltweit die größte Ansammlung von Eisenbahntunneln entstanden war.

Im 19. Jahrhundert hielt die Entwicklung des Schienennetzes mit dem beachtlichen Anwachsen des Fremdenverkehrs ungefähr Schritt. Die Neigung, zum reinen Vergnügen zu reisen, vereinigte reiche und weniger reiche Leute, die alle der Eintönigkeit des Lebens in der Stadt zu entfliehen und Erholung und Abwechslung an weniger übervölkerten Plätzen zu finden hofften. Die Zunahme an alpinen Reisemöglichkeiten für rein touristische Zwecke paßte also genau ins Bild.

Im Jahre 1871 konnten auch die Arbeiten an der Strecke Vitznau–Rigi abgeschlossen werden, die vom Ufer des Vierwaldstätter Sees aus die steilen Hänge jenes für seinen herrlichen Panoramablick berühmten Schweizer Alpengipfels hinaufsteigt. Dies galt als besonders wichtige Errungenschaft, weil die Zahnradbahn hier einer breiten Masse von Touristen ermöglichte, ohne Anstrengungen die gleichen erhebenden Gefühle zu erleben, die sonst nur jungen Bergsteigern mit hervorragender Kondition vorbehalten blieben.

Sehr stark vereinfacht kann man sagen, daß das Zahnradbahnsystem im wesentlichen aus einer dritten, gezahnten Schiene, der Zahnstange, besteht, die zwischen den beiden üblichen Schienen des Gleiskörpers verlegt ist. In die Zahnstange greifen ein oder mehrere am Umfang gezahnte Antriebsräder ein, mit denen die Lokomotive ausgestattet ist. Beides zusammen bildet eine formschlüssige Kraftübertragung, die nicht mehr von der Reibung zwischen Rad und Schiene abhängig ist. Wir verdanken die Anwendung dieses Prinzips bei den Bergbahnen dem Schweizer Techniker Niklaus Riggenbach, einem Autodidakten. Er hatte auf einer Bahnfahrt in Amerika einen primitiven Versuch beobachtet, künstlich Reibung zu erzeugen, eine Erfindung von Sylvester March für die Mount-Washington-Bahnlinie, und hatte diesen Versuch, der eigentlich eine Spielerei ohne Zukunftsaussichten war, nach wissenschaftlichen Prinzipien weiterentwickelt. Das System Riggenbach führte sich rasch in ganz Europa und auch in Amerika ein. Es erlaubte die Überwindung von Steigungen bis zu 30%, also bis zu 300 Meter Höhenunterschied pro Kilometer. Durch stufenweise Verbesserung brachte es der Oberst Eduard Locher mit seiner beidseitig verzahnten Schiene auf eine theoretisch mögliche Steigfähigkeit von 100%, das heißt 45°, und diese Technik wurde 1889 für die Linie von Luzern auf den Gipfel des 2129 m hohen Pilatus angewandt, die steilste Bahnstrecke der Welt mit der schwindelerregenden Steigung von 48% – ein einmalig gebliebenes Anwendungsbeispiel für diese innovative Methode.

Ein durchdachteres, vor allem aber weniger kostspieliges System erfand einige Jahre später ein anderer schweizerischer Ingenieur namens Roman Abt. Seine Bahn hatte eine erheblich schmälere Spurweite von 800 mm. Die mittlere Schiene war bei ihm nicht mit eingesetzten und vernieteten Zähnen versehen, sondern bestand aus zwei oder drei nebeneinander gelegten, gezahnten Lamellen aus Bandstahl, die so angeordnet waren, daß jeder Zahn der einen mit einer Lücke der anderen zusammenfiel. Dieses Prinzip erlaubte wesentlich kleinere Kurvenradien (bis hinab zu 25 Meter), ein höheres Tempo und einen

Die historische Elektrolok Nr. 22 der Berner Oberlandbahn.

Der Glacier-Expreß, hier in der Nähe von Brig/Schweiz.

weicheren Eingriff der Zähne. Es wurde übernommen für die Bahnen am Monte Generoso (1890), am Rothorn (1892), am Rochers de Naye (1892) und schließlich für die Linie Visp–Zermatt (1890) sowie ihre Verlängerung in Richtung Gornergrat (1892). Eine modernere Bauweise haben die Strub-Zahnradbahnen, die erstmals auf der Jungfrau-Linie eingesetzt und für fast alle später gebauten Bergbahnen übernommen wurden, auch für einige Normalspurbahnen (1435 mm). Die Zähne sind hier direkt von oben in den Kopf der dritten Schiene geschnitten. Sie bieten damit höhere Festigkeit und können größere Kräfte übertragen.

Die Bergstrecke zum Jungfraujoch, zwischen 1898 und 1912 vollständig in den Fels gesprengt, war von Anfang an elektrifiziert, und auch die übrigen Alpenbahnen wurden nach und nach auf elektrischen oder Dieselbetrieb umgestellt. Lediglich drei österreichische Bahnlinien, die Verbindung Jenbach–Achensee, die Schafberg- und die Schneebergbahn werden noch heute ausschließlich von Dampfloks befahren. Doch sowohl in der Schweiz als auch in Frankreich wird ein gut Teil der alten Fahrzeuge neben moderneren Zügen weiterhin im Dienst belassen, mit sauber restaurierten alten Loks und Waggons, und nicht selten sieht man dort malerische Dampflokomotiven, dicke Rauchfahnen in den blauen Himmel ausstoßend, die archaisch anmutende, eckige und mit Touristen besetzte Waggons vor sich herschieben – ein Beweis für die Liebe zu alten Traditionen und zu den ehrwürdigen Zügen, die einen Teil unseres historischen und kulturellen Erbes darstellen.

Museen wie das berühmte in Luzern bewahren antike Stücke, Prototypen, Entwürfe und Dokumente zum Abenteuer Eisenbahn, zu einer Ära, die in den ersten Jahrzehnten des 19. Jahrhunderts begann, mit der gleichen Hingabe, wie sie sonst nur alten Meisterwerken zuteil wird. Für Italien trifft das alles weniger zu. Hier wurden die Kurzstrekken-Bergbahnen, ein Erbe der piemontesischen und habsburgischen Verwaltungen, ganz bewußt demontiert, und zwar weil man dem Auto und dem Straßenverkehr unverständlicherweise den Vorrang vor der Eisenbahn gab. Was blieb, war das kurze Stückchen in der Hochebene von Renon bei Trient, das nach dem Örtchen Malé führt, und vielleicht noch einige andere Mini-Bähnlein und ein paar Endpunkte ausländischer Bahnen auf italienischem Boden, etwa die »Centovallina«, die von Domodossola kommt, oder die Bernina-Bahn der RhB in Tirano.

Weiter oben hatten wir die mit dem Erscheinen der ersten Eisenbahnen aufgetretenen Ängste erwähnt, wie z. B. die, daß das hohe Tempo den Genuß der vorbeiziehenden Landschaft zunichte machen würde. Der Benutzer der Alpenbahnen braucht so etwas natürlich nicht zu befürchten. Wer von Tirano im Valtellina-Tal mit dem »Bernina-Expreß« der Rhätischen Bahn nach St. Moritz hinaufklettert, oder wer in St. Moritz in den »Glacier-Expreß« nach Zermatt einsteigt, sollte den »Krimi« zu Hause lassen, der so vielen Dauerreisenden die Langeweile vertreibt. Denn wenn er zum Fenster hinausblickt, erwartet ihn die spannendste Unterhaltung, stets wechselnd und immer fesselnd.

Aussichtswagen mit hoch über die Köpfe der Fahrgäste reichenden Fenstern stehen den Reisenden zur Verfügung, um das Naturschauspiel besser beobachten zu können; die Trassen sind speziell nach den Sehenswürdigkeiten, die die Strecke bietet, ausgewählt, ja, es werden auch kleine Kunstgriffe angewandt wie etwa, daß man die Masten für die Fahrdrähte an der Innenseite der Kurven anbringt, um den Panoramablick nicht zu stören. An der Furka-Bahn, deren 1982 eröffneter Tunnel in der Absicht gebaut wurde, den Weg abzukürzen, wird die alte Linie als Museums- und Touristenbahn erhalten. Sie führt über die Paßhöhe von 2160 Meter und gestattet aus allernächster Nähe den Ausblick auf den gewaltigen Rhone-Gletscher. Auf den Bahnlinien, die aus den Talböden zu den Gipfeln der Berge aufsteigen, ist der Genuß eben viel intensiver.

Entlang dem Reiseweg nach La Mure in Frankreich halten die Züge an den landschaftlich interessantesten Punkten an, um den Fahrgästen zu ermöglichen, zum Schauen und Fotografieren auszusteigen. »Der Aufstieg im langsamen Trott der Zahnradbahnen scheint das Gefühl zu vermitteln, man würde selber zu Fuß hinaufklettern«, schrieb G. K. Koenig, ein Wissenschaftler, der sich auf Eisenbahnen und Berge versteht. »Er erlaubt uns, nur wenig schneller die gleiche Abstufung der Gefühle zu erleben wie bei einer Bergtour, und zwar im natürlichen Rhythmus der Abläufe.« Aus diesem Grund sollen die folgenden Seiten Sie zum entspannenden Reisen mit den kleinen Bergbahnen animieren, das sich für das beschauliche Erleben der herrlichen Alpenwelt weit besser eignet als eine eilige Paßüberquerung mit dem Auto. Aus der Schweiz, die mit ihren Bergbahnen den andern Ländern stets um Längen voraus ist, hört man gerade vom ersten Spatenstich für eine neue Eisenbahn-Querverbindung unter dem Gotthard hindurch. Der 57 km lange Tunnel soll das Dorf Bodio im Tessin mit Erstfeld im Kanton Uri verbinden. Mit ihrer Abneigung gegen die Invasion innereuropäischer Autoreisezüge wird die Schweiz in Zukunft den Schwerverkehr zwar nicht auf 40 Tonnen beschränken, die Lkw jedoch von der Straße auf die Bahn umleiten, um den Verkehrsfluß auf den Straßen sicherzustellen und die Fahrzeit von Zürich nach Mailand zu reduzieren. An der Schwelle zum nächsten Jahrtausend scheint diese Lösung einerseits die Daseinsberechtigung der Eisenbahn zu unterstreichen und zum anderen den steigenden Ansprüchen des Umweltschutzes gerecht zu werden, denn nur er kann auf die Dauer den Bestand unserer majestätischen Alpenlandschaft gewährleisten.

Die Alpenbahnen

Die Tenda-Linie, die vom Mittelmeerufer bis tief in die Seealpen führt und das Bergmassiv ganz im Westen durchquert, hat in Wirklichkeit zwei Ausgangspunkte: den einen auf italienischem, den andern auf französischem Boden (vgl. Karte unten). Die beiden Zweiglinien treffen sich bei Breil, von wo aus die Züge aus beiden Richtungen direkt nach Cuneo fahren. Die Reiseroute mit ihren wechselnden Landschaften vereinigt zwei Besonderheiten, nämlich eines der schönsten und beliebtesten Meere der Welt und das gewaltigste Gebirge Europas.

Vom italienischen Ausgangspunkt Ventimiglia queren die Züge das Roiatal, bevor sie die französische Grenze passieren und nach Breil (302 m) weiterfahren, wo sie mit den Zügen aus Nizza zusammentreffen. Von hier aus gewinnt die Tendabahn über vier Kreiskehren und einige Serpentinen rasch an Höhe, erreicht den von Berghängen umschlossenen Ort Tenda und fährt dann in den Tunnel gleichen Namens ein, um drinnen mit 1073 Metern den höchsten Punkt ihrer Reise zu erreichen (der Gipfel darüber liegt auf 1870 m Höhe).

Der Tunnelbau – acht Jahre Bauzeit waren nötig – stellte eine beachtliche Leistung dar, denn Schlamm und eindringendes Quellwasser erschwerten den Durchbruch.

Kurz hinter dem Tunnelausgang erreicht man auf italienischem Boden den Ort Limone Piemonte (990 m), bekannt als von Bergen umsäumte Wetterstation und als Wintersportgebiet am Ausgang des Vermenagnatals. Im Abstieg erlebt man eine malerische Landschaft mit zahlreichen Viadukten und Tunneln, bis man Cuneo erreicht. Dieser Ort bietet eine herrliche Aussicht auf die Hochebene und die Alpen am Zusammenfluß von Gesso und Stura di Demonte und liegt oberhalb einer dreiecksförmigen Terrasse, die ihm sei-

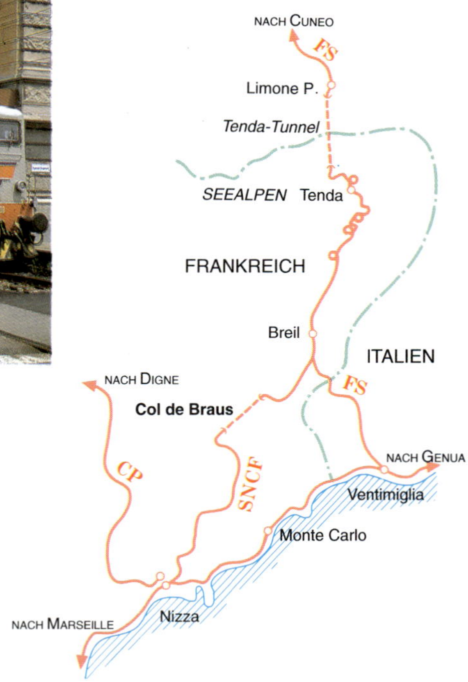

nen Namen (Cuneo = Keil) gab. Von Cuneo aus hat man Anschluß nach Turin.

Die Fahrt von Ventimiglia nach Cuneo dauert etwa zwei Stunden, von Nizza aus muß man eine halbe Stunde mehr rechnen.

Eröffnet im Jahre 1928, wurde die Bahnlinie im Zweiten Weltkrieg schwer mitgenommen, als diese Region Schauplatz erbitterter Kämpfe war, in deren Verlauf alle wichtigen Brücken zerstört wurden. Erst 1979 konnte die gesamte Strecke wieder eröffnet werden. Da der französische Teil der Tenda-Linie nicht elektrifiziert ist, verkehren hier nur Dieseltriebwagen.

TENDA-LINIE (SNCF/FS)

Nizza und Ventimiglia–Breil–Cuneo

Länge: 143 km
Spurweite: 1435 mm
Größte Steigung: 2,5%
Erreichte Höhe: 1073 m
Höhenunterschied: 1058 m
Versorgungsspannung: 3000 V Gleichstrom (=) von Limone bis Cuneo
Bauzeit/Eröffnung: 1928

Rechts oben: Die Grenzstation Limone. Unten: Ein italienischer und ein französischer Dieseltriebwagen im Bahnhof Breil. Linke Seite oben: Zwei Züge treffen sich in Cuneo; der rechte wird hier eingesetzt. Unten: Der Bahnhofsvorplatz in Nizza.

Ebenfalls von Nizza aus führt eine andere Eisenbahnlinie in eine alpine Region der Provence; sie verbindet die Küstenstadt mit Digne, dem Hauptort der provençalischen Voralpen (vgl. Karte S. 20). Die Strecke zieht sich von der Station Nizza-Provence an den östlichen Ausläufern des Alpenmassivs 151 Kilometer weit entlang, eine für französische Privatbahnen beachtliche Streckenlänge. Vom Mittelmeerniveau aus gewinnt der Zug beim Überqueren der provençalischen Alpen an Höhe und erreicht den höchsten Punkt am Fuß des Grand Coille (2708 m). Der Abstieg führt dann zur Endstation Digne, 596 m über dem Meeresspiegel am linken Ufer der Bléone in einer Schlucht gelegen, umgeben von hohen, bewaldeten Hängen. Früher war der Bahnhof auch Endpunkt der französischen Staatsbahn (von St.Auban her), heute wird jedoch die Strecke St.Auban–Digne nur noch mit Autobussen versorgt, so daß die ehemaligen Eisenbahnbauten weitgehend ungenutzt bleiben.

Die Provence-Linie wurde schon vor mehr als hundert Jahren eröffnet. Die Züge dort fahren heute als Dieseltriebwagen und errei-

Links oben: Der Kopfbahnhof Nizza-Provence von innen und (rechts) von außen.
Links unten: Ein Zug der Provence-Linie.
Rechts unten: Die verwaiste Endstation der Staatsbahnen in Digne, die heute nur noch Endpunkt der CP ist.

chen bis zu 70 km/h, eine beachtliche Geschwindigkeit, wenn man das unebene, sehr kurvige Gelände und den recht alten Gleiskörper berücksichtigt. Die Fahrgäste werden oft ein wenig durchgeschüttelt, doch dieser kleine Nachteil wird bei weitem kompensiert durch die wunderschöne Landschaft, die vor den Augen des Beschauers vorbeizieht.

CHEMINS DE FER DE LA PROVENCE (CP)

Nizza–Digne

Länge: 151 km
Spurweite: 1000 mm
Größte Steigung: 3%
Erreichte Höhe: 1023 m
Höhenunterschied: 1001 m
Bauzeit/Eröffnung: 1892–1911

Einen Zwischenhalt machen die Züge der Provence-Linie in Antorveau.

»Kleiner Zug, großes Erlebnis« versprechen in Kurzform die Werbeprospekte. Die La-Mure-Linie, bis zum Jahr 1950 für die Beförderung von Passagieren und von Kohle aus der Region bestimmt, dient heute ausschließlich touristischen Zwecken. Um diese Funktion erfüllen und die kurze Fahrt mit nostalgischem Flair schmücken zu können, verkehren auf dieser Strecke heute noch sieben Waggons aus der ersten Hälfte unseres Jahrhunderts, nämlich aus den Jahren 1915 bis 1947, sowie fünf Loks »Blanc Misseron« von 1932. Auf den Bahnhofsvorplätzen sind außerdem einige alte, ausgediente Güterwagen ausgestellt.

Die Bahnstrecke führt durch achtzehn Tunnel und über zwölf Brücken und steigt zwischen Schluchten und kleinen Seen in ein Gebirgsszenarium auf, das im Hintergrund gekrönt wird von den Gipfeln der Dauphiné-Alpen.

St. George de Commiers liegt an der Lokalbahnlinie Grenoble–Veynes und an der Landesstraße 75 von Grenoble nach Monestier de Clermont. Von hier aus klettert die Schmalspurbahn nach La Mure (925 m) hin-

auf, hält aber an den besonders schönen Aussichtspunkten, damit die Touristen die Möglichkeit haben, das Panorama in aller Ruhe zu genießen. Ein Pfiff der Lokomotive ruft dann zur Weiterfahrt auf.

Diese Bahn, die erste in Frankreich, wurde bereits 1903 elektrifiziert. 1988 feierte sie den 100. Jahrestag ihrer Eröffnung.

Die La-Mure-Bahn ist nur in der schönen Jahreszeit, etwa von April bis Mitte Oktober, in Betrieb.

LA-MURE-BAHN (SGLMG)

C.F. de La Mure

St. George de Commiers–La Mure

Länge: 31 km
Spurweite: 1000 mm
Größte Steigung: 2,75%
Erreichte Höhe: 925 m
Höhenunterschied: 610 m
Versorgungsspannung: 2400 V (=)
Bauzeit/Eröffnung: 1888

Rechts: Zwischenhalt mitten auf einem Viadukt zum Betrachten der Landschaft.
Links unten: Eine E-Lok von 1932 in St. George de Commiers vor der Abfahrt nach La Mure.
Rechts unten: Dieselzug der französischen Staatsbahnen am Bahnhof St. George de Commiers.

Linke Seite oben: Aus dem Abteilfenster erblickt man ein atemberaubendes Panorama.
Mitte: Bergwerke säumen die Strecke.
Unten: In einem der alten Waggons.
Rechts unten: Werbeplakat an der Endstation La Mure.

Der Moncenisio-Tunnel durch das Bergmassiv des Mont Cenis, dessen Bau das italienische Parlament im Jahr 1857 beschloß, wurde 1871 nach vierzehnjähriger Bauzeit eingeweiht. Er war der erste der zahlreichen Tunnel, die heute die Alpen durchziehen, und ermöglicht mit seinen 12 849 Metern Länge die Bahnverbindung zwischen den Städten Lyon und Turin. Die beiden Tunneleinfahrten befinden sich auf französischer Seite etwas oberhalb Modane in 1148 m Höhe und auf italienischer bei Bardonecchia 1312 Meter über dem Meeresspiegel. Wer von Turin aus mit dem Zug nach Aosta weiterfährt, erreicht von dort aus mit dem Auto oder Bus die beliebten Fremdenverkehrsorte am Fuß der Viertausender Montblanc, Monte Rosa, Matterhorn und Gran Paradiso.

Courmayeur, das alte, berühmte alpine Zentrum Italiens, liegt in einem unvergleichlich schönen Tal gegenüber dem mächtigen, mit Felsspitzen und Zinnen besetzten Gebirgsmassiv des Montblanc, in das gewaltige Hochtäler mit Gletschern eingeschnitten sind. Der Alpenkoloß, dessen Erforschung dem Genfer Naturliebhaber Orazio Bene-

Gegenüber, oben: Das Tal von Courmayeur, aus einer Kabine der Montblanc-Seilbahn aufgenommen.
Unten: In der Nähe der Zwischenstation der Kabinenbahn. Der Montblanc ist hinter Wolken verborgen. Der Gipfel zur Linken ist der Aiguille de Peuterey.
Linke Seite oben: Der höchste Punkt der Seilbahn am Helbronner (3462 m).
Mitte rechts: Die Seilbahnstation bei La Palud.
Rechts unten: Die Grenzstation Modane an der Einfahrt zum Moncenisio-Tunnel.

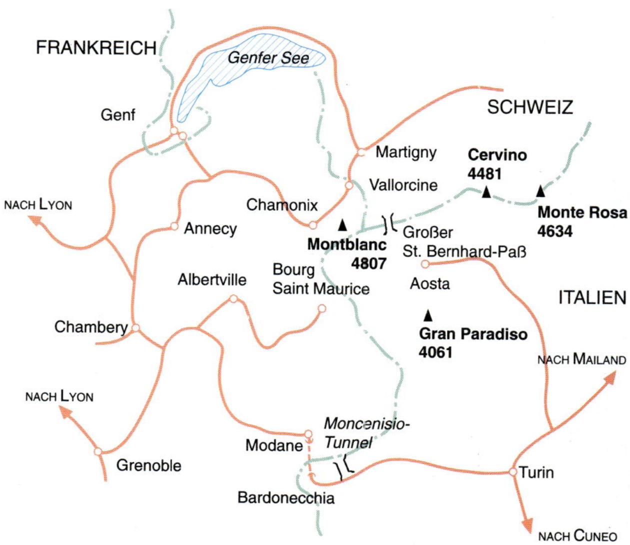

detto de Saussure zugeschrieben wird, wurde zum erstenmal 1786 erstiegen und ist heute weitaus bequemer zu erreichen: mit der Kabinenbahn, die von La Palud aus, oberhalb Courmayeur, in drei Teilstrecken zum Helbronner in 3462 m Höhe und zur italienisch-französischen Grenze aufsteigt. Seilbahnen führen in verschiedenen Richtungen zum Aiguille di Midi weiter und wieder hinunter nach Chamonix, womit sie die Überquerung des immensen Bergstocks vollenden.

MONCENISIO-BAHN

Modane–Bardonecchia

Gewaltige Gletscherströme wandern zwischen Nadelwäldern hinunter bis kurz vor dem Talboden, wo sich auf einem Plateau, in das die Arve ihr Bett geschnitten hat, der Ort Chamonix (1035 m) ausbreitet, eine der bekanntesten Bergstationen in den Alpen. Chamonix ist auch Ausgangspunkt vieler Bergtouren zum Montblanc. In Ortsmitte erinnert ein Denkmal an die Erstbesteigung des Gipfels am 8. August 1786 durch Jacques Balmat und Michel Paccard. Die Kabinenbahn, die von Chamonix aus zum Aiguille du Midi (3842 m) hinaufklettert, bewältigt den Höhenunterschied von 2800 Metern in etwa 20 Minuten und besteht aus nur zwei Teilstücken (vgl. Karte S. 30). Der zweite Teil (ein besonders kühnes Bauwerk, das ohne Zwischenmasten auskommt) führt bis zur Endstation, von wo man mit einem Aufzug zur Aussichtsplattform gelangt, der zweithöchsten Europas. Hier hat man den Gipfel des Montblanc in seiner ganzen majestätischen Größe vor sich, wie er sich über unendliche Weiten von Eis, Felsen, Schneeflächen und zerklüfteten Berggipfeln erhebt.

Die Fahrt kann in Richtung Italien fortgesetzt werden: In 30 Minuten erreicht eine Kabinenbahn mit horizontal über die Gletscherfläche des Valée Blanche gespannten Seilen

Oben: Eine Antenne auf einer der Felszinnen des Montblanc. Unten: Blick vom Aiguille du Midi: von links nach rechts der Mont Blanc du Tacul (4248 m), der Mont Maudit (4465 m) und im Hintergrund der Gipfel des Montblanc (4807 m).

die Helbronner-Bergstation mit ihren 3462 Metern Höhe. Von dort geht es abwärts nach Courmayeur, wo das einmalige Erlebnis einer Überquerung des höchsten Bergmassivs Europas zu Ende ist.

Die Rückfahrt nach Chamonix wird durch eine Autobuslinie sichergestellt, mit der man durch den Montblanc-Tunnel mit seinen 11,6 km Länge fährt und nach 40 Minuten wieder auf französischem Boden ist.

SEILBAHN ZUM AIGUILLE DU MIDI

Chamonix–Aiguille du Midi

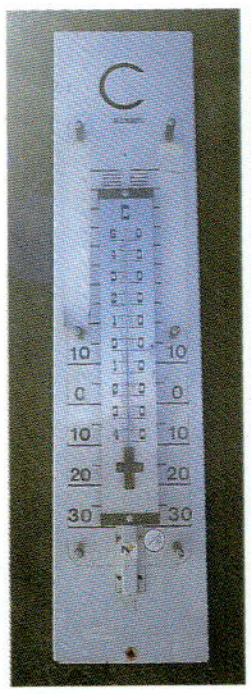

Touristen auf der Terrasse der Aussichtsstation des Aiguille du Midi. Das Thermometer zeigt 0 °C.

Die Seilbahn bei ihrem Aufstieg zum 3842 Meter hohen Aiguille du Midi.

Der Gletscher, den man von der Aussichtsterrasse in Montenvers aus sieht, heißt Mer de Glace (Eismeer) und schon der Name deutet an, daß er einer riesigen Wasserfläche mit sturmgepeitschten Wogen ähnelt. Er ist 7 km lang, im Mittel 1200 m breit und bewegt sich mit der beachtlichen Geschwindigkeit von 90 Metern/Jahr, also etwa einem Zentimeter pro Stunde, talwärts.

Von Chamonix aus erreicht man diese Terrasse in 20 Minuten an Bord der roten, komfortablen Züge, die zumeist aus einem E-Triebwagen und nur einem oder zwei Waggons bestehen. Der steile Aufstieg von über fünf Kilometer Länge wird mit Hilfe einer Zahnstange bewältigt (vgl. Karte S. 30). Die Triebwagen haben vier Elektromotoren; jeder von ihnen treibt ein Zahnrad, das in die Zahnstange eingreift. Die Geschwindigkeit, die je nach Steigung zwischen 16 und 20 km/h schwankt, wird beim Abstieg auf 14 bis 18 km/h reduziert. Im Winter ist diese Strecke außer Betrieb. Diese Zahnradbahn wurde 1907 in Dienst gestellt und die alte Dampflok, die damals die Wagen zog, steht noch heute vor dem Bahnhof Chamonix. 1948 wurde die

Strecke elektrifiziert; die vier Triebwagen mit Beiwagen, die damals gebaut wurden, bilden auch jetzt das rollende Material auf dieser Bahnstrecke. Montenvers ist Ausgangspunkt für Bergtouren zu verschiedenen Alpenschutzhütten und für die wichtigsten Aufstiege zum Großen und Kleinen Charmaz, zum Ghiacciaio del Gigante, zu den Grandes Jorasses, zum Aiguille Verte und noch zu vielen weiteren Zielen.

LINIE CHAMONIX–MONTENVERS (CM)

Chamonix–Montenvers

Länge: 5,2 km
Spurweite: 1000 mm
System: teilweise Zahnradantrieb Typ Strub
Größte Steigung: 22%
Erreichte Höhe: 1914 m
Höhenunterschied: 873 m
Versorgungsspannung: 10 500 V/50 Hz
Bauzeit/Eröffnung: 1907

Rechts: Der rote Triebwagenzug beim Aufstieg durch den Nadelwald.

Gegenüber, kleines Foto: Das Gebäude im Hintergrund ist der Bahnhof Chamonix der Staatsbahnen; die Bergbahnstation liegt dahinter.

Gegenüber, großes Foto: Ein Zug der Zahnradbahn kurz vor der Endstation Montenvers, dahinter der Blick auf das Mer de Glace und darüber, von Wolken verhüllt, die Gipfel des Großen und Kleinen Charmaz und die Felswände der Grandes Jorasses.

In Hoch-Savoyen liegt, etwa zwanzig Kilometer von Chamonix an der Strecke der französischen Staatsbahnen, der Ort Saint-Gervais. Von einem Platz gegenüber dem Bahnhof fährt eine Bergbahn (»Le Tramway du Mont-Blanc« ab und lädt zu einer gemütlichen Fahrt in die eisbedeckte Montblanc-Region ein. Diese Linie, auf der ursprünglich kleine Dampflokomotiven verkehrten, wurde 1950 elektrifiziert. Ihre heutigen Züge, die denen der Linie von Chamonix nach Montenvers ähneln, sind im Sommer wie im Winter voller Alpinisten, einfachen Touristen und Skiläufern. Von Saint-Gervais (vgl. Karte S. 30) macht sich die »Tram« zuerst durch die Straßen des Ortes auf den Weg, um erst dann den Zahnradtrieb einzusetzen und sich mit Lärm und Quietschen an den Aufstieg zu machen. Auf einem schönen Hochplateau am Col de Voza hält der Zug noch einmal, doch die meisten Fahrgäste wollen bis zur Endstation Le Glacier (2386 m) mitfahren, die man in wenig mehr als einer Stunde nach Passieren eines Tunnels erreicht. Die Fläche, die man dem Berg abringen konnte, reicht gerade, um die Reisenden ein- und aussteigen

Großes Foto: Im Hintergrund steigt der Aiguille de Bionnassay mit dem gleichnamigen Gletscher auf, dahinter der Gipfel des Montblanc.

Oben und Mitte: Die Endstation liegt gleich hinter dem Tunnel; der Gleiskörper ist stark geneigt und der Platz an der Station äußerst knapp.

Unten: Die »Tram« fährt am Platz gegenüber dem Bahnhof Saint-Gervais ab.

zu lassen. Schaut man sich die »Tram« an, wie sie mit angezogenen Bremsen auf den stark abfallenden Gleisen hängt, vor dem Hintergrund des Gletschers und des Aiguille de Bionnassay und, ganz nahe dahinter, des Montblanc, so erscheint die Bezeichnung »Nid d'Aigle« (Adlernest) für dieses Plateau besonders treffend.

TRAMWAY DU MONT-BLANC (STMB)

Saint-Gervais-le-Fayet–Le Glacier

Länge: 12,1 km
Spurweite: 1000 mm
System: teilweise Zahnradantrieb Typ Strub
Größte Steigung: 25%
Erreichte Höhe: 2386 m
Höhenunterschied: 1806 m
Versorgungsspannung: 10 500 V/50 Hz
Bauzeit/Eröffnung: 1906

Die Normalspurstrecke der Französischen Staatsbahn hat ihren Endpunkt in Saint-Gervais-le-Fayet. Hier beginnt eine Schmalspurlinie, die nach Chamonix und Vallorcine führt. Hinter Vallorcine, das 1261 m hoch gelegen ist, erreicht sie die Schweizer Grenze, wo sie auf die Bahnlinie Martigny–Châtelard trifft. Die Anschlüsse dort sind gut, und da beide Linien die gleiche schmale Spurweite haben, verkehren die Züge auch grenzüberschreitend, wodurch lästiges Umsteigen unnötig wird. Daher behandelt Cook die Fahrpläne als Ganzes und übernimmt sie ins schweizerische Kursbuch.

Die Linie zum Col des Montets wurde 1908 eröffnet und war von Anfang an elektrifiziert. Später aber wurde zur Kostensenkung anstelle des Fahrdrahts eine Stromschiene mit 740 Volt Hochspannung neben den Gleisen verlegt, die von den Benutzern erhöhte Aufmerksamkeit verlangte.

Zwischen Argentière und Vallorcine erreicht die Bahn ohne Zuhilfenahme eines Zahnradtriebs im Gebiet des Col des Montets nach Überwindung einer 9%igen Rampe mit 1386 Metern ihre größte Höhe. Die neun Pro-

Oben: Ein Zug der SNCF hält an der schweizerischen Station Finhaut.
Unten: Abfahrt der Schmalspurbahn in Saint-Gervais.

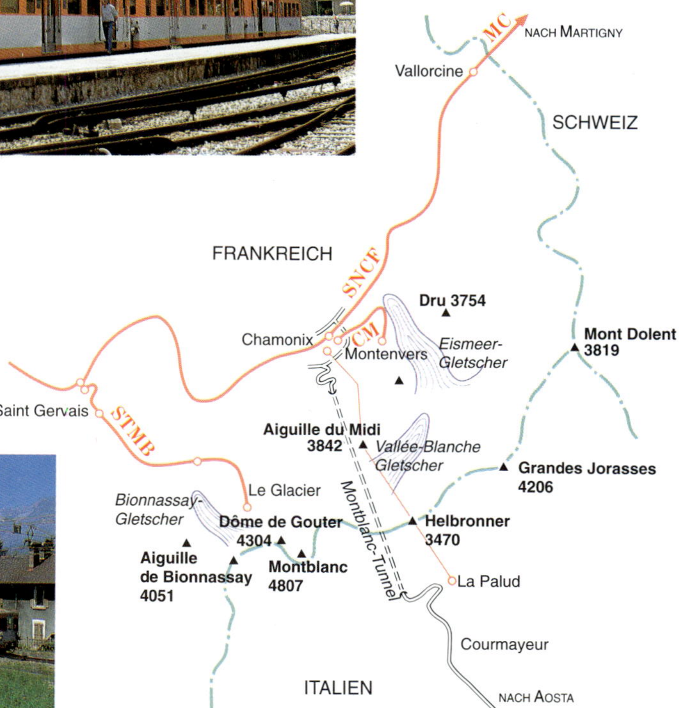

zent gelten als die Obergrenze, die ein Zug noch mit reiner Radreibung befahren kann. Von Argentière, einem Sommererholungsort am Fuße des gleichnamigen Gletschers, kann man mit der einen Seilbahn nach Lognan hinauffahren und kommt von dort aus mit einer zweiten bis zum Gipfel des Aiguille des Grands Montets (3297 m) hinauf.

LINIE ZUM COL DES MONTETS (SNCF)

Saint-Gervais-le-Fayet–Vallorcine

Länge: 34 km
Spurweite: 1000 mm
Größte Steigung: 9%
Erreichte Höhe: 1386 m
Höhenunterschied: 806 m
Versorgungsspannung: 740 V (=)
Bauzeit/Eröffnung: 1901–1908

Oben: Der Normalspurteil des Umsteigebahnhofs in Saint-Gervais.
Unten: Der Zug passiert eines der Viadukte.

Von der Schmalspur-Alpenbahn aus, die aus dem herrlichen Rhonetal in das Gebiet des Montblanc hinaufführt, bieten sich dem Reisenden wahrhaft bezaubernde Bilder. Die Strecke verläuft entlang den schweizerischen Berghängen auf der Strecke am Trient, einem reißenden Wildwasser, umgeben von atemberaubend schroffen Felswänden. Nach der Abfahrt am Bahnhof Martigny folgt der Zug anfangs dem großen Flußtal und steigt dabei bis Vernayaz (460 m) nur wenig an. Hier trifft man auf die Klamm des wilden Trient, der gespeist wird von dem gleichnamigen Gletscher, und hier beginnt auch der Streckenteil mit Zahradantrieb, der es dem Zug erlaubt, die zweieinhalb Kilometer nach Pontet mit fast durchweg 20 Prozent Steigung zu bewältigen. Weiter geht die Fahrt wieder ohne Zahnstangenhilfe durch die von der Klamm flankierte Ortschaft Salvan (934 m), durch Marécottes (1100 m) in seiner geschützten, sonnigen Lage, durch Trétien (1060 m), um in 1228 Meter Höhe Finhaut zu erreichen, den höchsten Punkt der Strecke. Der Abstieg schließlich endet in Châtelard, einer ehemaligen Grenzbefestigung zwi-

Oben: Aufstieg mit Zahnradantrieb kurz vor Pontet. Links unten: An der Endstation Châtelard Frontiere. Rechts oben: Der Bahnhof von Vallorcine. Rechts unten: Fahrt über dem Abgrund; unten liegt das Flußtal des Trient.

schen Wallis und Savoyen, heute schweizerisch-französischer Grenzort, jenseits dessen Vallorcine liegt, der schon zuvor erwähnte Anschlußpunkt an die französische Schmalspurbahn vom Col des Montets. Die Züge, nach modernen Gesichtspunkten und vor allem für touristische Zwecke konzipiert, waren von Anfang an mit Elektroantrieb und komfortablen Waggons mit großen Fensterflächen ausgestattet, um den Fahrgästen den vollen Genuß der herben, schönen Landschaft zu ermöglichen.

BAHNLINIE MARTIGNY–CHÂTELARD (MC)

Martigny–Châtelard

Länge: 20,9 km
Spurweite: 1000 mm
System: teilweise Zahnradantrieb Typ Strub
Größte Steigung: 20%
Erreichte Höhe: 1228 m
Höhenunterschied: 760 m
Versorgungsspannung: 830 V (=)
Bauzeit/Eröffnung: 1906–1931

Der Stromabnehmer auf dem Wagendach ist abgesenkt, weil der Triebwagen aus der Stromschiene versorgt wird. Hier geht es hinab ins Flußtal des Trient.

An der Eisenbahnstrecke, die von Domodossola aus durch den Simplontunnel nach Lausanne führt, liegt südlich des Ostzipfels des Genfer Sees die kleine Stadt Bex, eingebettet ins Rhonetal zwischen Weinbergen und Obstgärten. Der Badeort Bex kann sich rühmen, wegen seines freundlichen Klimas im Lauf der Zeit viele berühmte Persönlichkeiten wie Tolstoi oder Rimski-Korsakow bei sich beherbergt zu haben.

Vom Bahnhofsvorplatz der staatlichen Eisenbahn fahren zwei »Trambahnen« ab, die eine blau, die andere rot. Die blaue fährt ins Stadtzentrum, das etwas entfernt vom Bahnhof liegt, und dann weiter bis Bex Vieux, während die rote diesen Punkt ohne Umwege erreicht. Von hier aus verläuft die Strecke über ein kurzes Teilstück mit Zahnradantrieb und danach ab Gryon auf einer komfortablen Straße bis nach Villars-sur-Ollon (1235 m). Der Ort ist ein beliebtes sommerliches Reiseziel auf einer Terrasse, die sich an bewaldete Hänge anschließt, umgeben von einer imposanten Bergkette. Hier wird umgestiegen, und zwar entweder in einen Triebwagen oder in einen mit einer E-

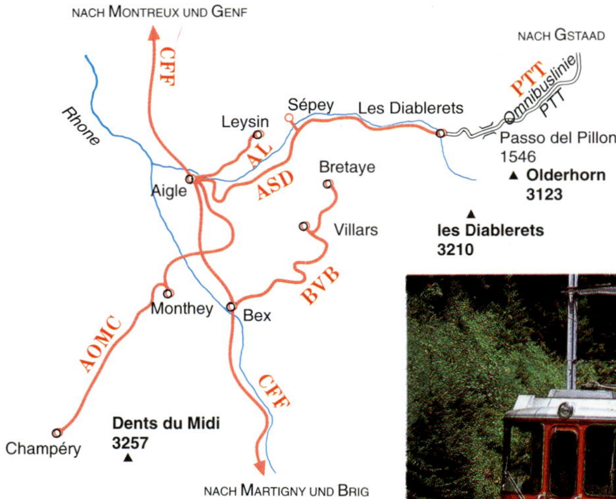

Oberes Foto: Ein Zug auf der Strecke Villars–Bretaye vor dem Übergang auf Zahnradantrieb.

Unten, von links nach rechts: Aus dem Abteilfenster erkennt man undeutlich die Häuser von Bretaye; Einfahrt in den Bahnhof von Bretaye; im Innern des Waggons.

Lok bespannten Wagenzug. Der steile Aufstieg mit Hilfe eines Zahnstangenantriebs führt bis zur Endstation Bretaye in 1850 Meter Höhe. Dieser Ort liegt auf einer weiten, sonnenbeschienenen Hochebene mit kleinen Alpenseen, Ausgangspunkt für viele Bergtouren und ideal für Wintersportler.

BAHNLINIE BEX–VILLARS–BRETAYE (BVB)

Bex–Villars–Bretaye

Länge: 17,1 km
Spurweite: 1000 mm
System: teilweise Zahnradantrieb Typ Strub
Größte Steigung: 20%
Erreichte Höhe: 1850 m
Höhenunterschied: 1440 m
Versorgungsspannung: 700 V (=)
Bauzeit/Eröffnung: 1898–1913

Oberes Foto: Der Zug wird von der E-Lok zur Endstation Bretaye hinaufgeschoben. Unten, von links nach rechts: Reiterfest in Villars; die rote »Tram« in Bex; zweimal die blaue »Tram« auf dem Weg in die Stadtmitte.

BAHNLINIE AIGLE–LEYSIN (AL)

Aigle–Leysin

Länge: 6,2 km
Spurweite: 1000 mm
System: teilweise Zahnradantrieb Typ Strub
Größte Steigung: 23%
Erreichte Höhe: 1450 m
Höhenunterschied: 1046 m
Versorgungsspannung: 1300 V (=)
Bauzeit/Eröffnung: 1900–1916

Wer nach Leysin, einem kleinen Ort nahe dem Ostufer des Genfer Sees, will, kann von Aigle (einem Verkehrsknotenpunkt an der Mündung der Grande-Eau in die Rhone) die schöne Autostraße nehmen, die von dort in nordöstlicher Richtung zum Col des Mosses führt. Doch auf der Straße erreicht er Leysin nur über den Ort Sépey, und das heißt, er muß dort auf ein Sträßchen abbiegen, das gerade entgegengesetzt in südwestlicher Richtung aufwärts führt. Den kleinen, 1253 Meter hoch gelegenen Ort erreicht er dann nach insgesamt etwa 15 km Fahrt. Den einzigen direkten Weg nach Leysin dagegen nimmt eine Schmalspurbahn, die lediglich 6,2 Kilometer weit fahren muß und dabei in wenig mehr als 20 Minuten über 1000 Meter Höhenunterschied bewältigt (vgl. Karte S. 34).

Leysin ist ein beliebtes touristisches Reiseziel im Kanton Waadt, auf einem sonnigen Hochplateau mit Aussicht auf die Dents du Midi und nach Süden auf den Montblanc gelegen. Steigt man hinauf zu den Aussichtspunkten von La Berneuse und La Riondaz in 1980 Meter Höhe, so kann man dort ein herrliches Panorama mit dem weiten Rhonetal und dem Genfer See und natürlich einen grandiosen Blick auf die ganze Walliser Alpenkette genießen. Der Ort, der besonders im Winter stark besucht wird, bietet den Skiläufern attraktive Pisten, die optimal mit Liften ausgestattet sind, sowie komfortable Hotels. Wundervoll ist auch die Bergtour zum 2331 Meter hohen Tour d'Aï.

Oberes Foto: Mitten durch die Weinberge führt die Srecke bergauf.
Unten: Drei Fotos von der Fahrt des Zugs nach Leysin durch die Stadt und über flaches Land.

BAHNLINIE AIGLE–OLLON–MONTHEY–CHAMPÉRY (AOMC)

Aigle–Ollon–Monthey–Champéry

Länge: 23,1 km
Spurweite: 1000 mm
System: teilweise Zahnradantrieb Typ Strub
Größte Steigung: 13,5%
Erreichte Höhe: 1049 m
Höhenunterschied: 645 m
Versorgungsspannung: 750 V (=)
Bauzeit/Eröffnung: 1909

Im unteren Rhonetal liegt zwischen gepflegten Weinbergen das Städtchen Aigle, in dem es auch heute noch viele antike Häuser (rue Jerusalem) zu bewundern gibt und über der sich ein frühgotisches Schloß erhebt. Bis zum Ende des 11. Jahrhunderts war die Stadt eine Domäne des Hauses Savoyen. Heute ist sie ein berühmtes Weingebiet und Knotenpunkt von Straßen und Eisenbahnlinien nach den großen Städten der Alpenregion.

Die Schmalspurbahn, die von Aigle über Ollon und Monthey nach Champéry hinaufführt, befindet sich bis Monthey quasi noch im flachen Land. Erst dann, im Valle d'Illiez links der Rhone, wird der Zahnradtrieb zugeschaltet, und von hier ab bieten sich auch eindrucksvolle Aussichten über das Rhonetal, auf die Dents du Midi (3257 m) diesseits und auf die Diablerets (3210 m) im Nordosten jenseits des großen Flusses. Nach 23 Kilometern endet die Fahrt in Champéry (1053 m), wo die Häuser mit den weit ausladenden Dächern, beherrscht von einer Kirche aus dem 17. Jahrhundert, gern fotografierte Motive bieten. Der Ort ist Sommer wie Winter Zentrum des Fremdenverkehrs und befindet sich nahe bei dem großen Skigebiet Portes du Soleil zwischen dem schweizerischen Wallis und dem französischen Savoyen. Schließlich geht von hier auch eine Seilbahn nach Planachaux hinauf.

Oberes Foto: Der Bahnhof von Aigle. Unten: Bilder von den Zügen dieser Linie und (rechts) Ort und Endstation Champéry.

BAHNLINIE AIGLE–SÉPEY–LES DIABLERETS (ASD)

Aigle–Sépey–Les Diablerets

Länge: 22,4 km
Spurweite: 1000 mm
Größte Steigung: 6%
Erreichte Höhe: 1155 m
Höhenunterschied: 751 m
Versorgungsspannung: 1350 V (=)
Bauzeit/Eröffnung: 1913–1914

Aigle ist auch Ausgangspunkt einer Bahnfahrt nach Les Diablerets, einer Ortschaft am Fuße des gleichnamigen Alpenmassivs. Dorthin kommt man mit einer Schmalspurlinie, die ins Tal von Ormont-Dessus führt, wo sie ungefähr parallel zur Autostraße verläuft, den Ort Le Sépey berührt und nach insgesamt etwa 22 Kilometer Strecke in 1155 Meter Höhe in Les Diablerets endet. Der Überlieferung zufolge geht der Name des Gebirges auf uralte Zeiten zurück. Es heißt, damals hätten sich dort ein paar Teufel aufgehalten und sich die Zeit mit Kegelschieben vertrieben. Statt der Kugeln hätten sie jedoch große Felsblöcke benutzt. Heute hat diese Gegend einige Bedeutung als Wintersportort erlangt; im Sommer findet man hier die schweizerische Ski-Alpin-Mannschaft, die auf dem Gletscher von Tsanfleuron trainiert, zu dem man bequem mit der Seilbahn vom nahen Col du Pillon hochfahren kann.

Von Les Diablerets führt die Kabinenbahn auf eine Alm in 1800 Meter Höhe, von wo aus man den Blick auf das Hauptmassiv des Oldenhorn (3123 m) genießen kann.

Eine PTT-Omnibuslinie über die Paßhöhe des Col du Pillon führt hinunter ins Saanetal bis nach Gstaad, wo man auf die Bahnlinie der MOB (Montreux-Oberland-Bernois) trifft.

Oberes Foto: Die Bahn passiert hier das Schloß von Aigle. Unten, von rechts: Die Endstation Les Diablerets; ein Streckenstück zwischen Sépey und Diablerets; Aigle, Bahnhofsvorplatz.

Der Ort Montreux liegt bezaubernd schön hingestreckt am Ostufer des Genfer Sees und steigt noch ein Stück die nahen Berghänge hinauf. Das milde Klima und das herrliche Panorama, das man hier genießen kann, haben schon im vorigen Jahrhundert zahlreiche Gäste angelockt. Viele Prominente haben den Ort besucht und sich dort aufgehalten. Gefangen von den strengen Linien der Burg und den finsteren Dingen, die dort geschehen sein sollen, ließ Lord Byron hier sein Buch *Der Gefangene von Chillon* spielen. Der Schriftsteller wollte in Beglei-

BAHNLINIE MONTREUX–GLION–ROCHERS DE NAYE (MGN)

Montreux–Glion–Rochers de Naye

Länge: 10,3 km
Spurweite: 800 mm
System: Zahnradantrieb Typ Abt
Größte Steigung: 22%
Erreichte Höhe: 1973 m
Höhenunterschied: 1578 m
Versorgungsspannung: 850 V (=)
Bauzeit/Eröffnung: 1892–1909

Oben: In Montreux fährt man von einem eigentlich unterirdischen Bahnsteig ab.

Unten: Ein Streckenstück der Bahn knapp außerhalb der Stadt.

tung von Shelley auch die Umschiffung des Sees ausprobieren, ein Unternehmen, das zeitgenössischen Berichten zufolge im Sturm mit einem katastrophalen Schiffbruch endete.

Die kleine Stadt ist tatsächlich sehr lebendig und attraktiv, vor allem in der Saison von April bis September, wenn in jedem Jahr die Festspiele zahlreiche Musikfreunde aus allen Winkeln der Welt hierher locken.

Doch ganz besonders die Umgebung von Montreux fasziniert den Besucher, die verstreuten mittelalterlichen Burgen und die Sommer- und Winterluftkurorte auf den nahen Bergen, zu denen oft Schmalspurbahnen hinaufklettern.

Die Bergbahn nach Rochers de Naye (vgl. Schema S. 43), die hinter dem Bahnhof der SBB abfährt, hat lediglich 800 mm Spurweite, und in den engen Wagen stehen auf einer Seite zwei und auf der anderen nur eine Sitzreihe. Die Gleise sind auf der ganzen Länge mit einer Zahnstange ausgestattet.

Die Strecke führt an Glion mit seiner wundervollen Aussicht auf den See vorbei, einem Luftkurort auf halber Höhe, wo im Jahre 1926

Großes Foto: Die Endstation Rochers de Naye liegt nur wenig unterhalb des Gipfels, auf dem man die Antenne erkennt. Links: Ein Wegweiser auf der Höhe. Übrige Fotos: Die Schmalspurbahn unterwegs.

der Dichter Rainer Maria Rilke starb. Rilke war ein großer Verehrer dieser Gegend, in der er sich nach längerem Umherirren niedergelassen hatte. Glion erreicht man auch mit einer Kabinenbahn, die von Territet am Seeufer heraufführt. Eröffnet 1883, ist dies die älteste noch in Betrieb befindliche Seilbahn der Schweiz.

Nach Caux erreicht man bald die Endstation Rochers de Naye (1973 m), knapp unterhalb des Gipfels (2042 m) gelegen. Von hier gibt es einen ungehinderten Rundumblick auf ein ungewöhnlich schönes Szenarium, das vom Spiegel des Genfer Sees hinauf zu den Savoyer Alpen, zum Montblanc-Massiv und weiter zu den Berner und den Walliser Alpen reicht.

Blumenliebhabern (und wer wäre das nicht?) sei empfohlen, den alpinen Blumengarten nahe dem Bahnhof zu besuchen, einen der höchstgelegenen Gärten Europas, der mehr als siebenhundert Arten von Berggewächsen beherbergt.

Die ersten britischen Reisenden, die zu Beginn unseres Jahrhunderts mit einem Zug der Eisenbahnstrecke Montreux–Interlaken–Luzern fuhren, nannten sie »Golden Pass«, tief beeindruckt von der Schönheit der Landschaft, die sich zwischen Seen, Bergen und Wäldern vor ihnen ausbreitete, als sie die Hochebene des Berner Oberlandes durchquerten. Die Strecke von Montreux nach Zweisimmen mit Abzweig nach Lenk stellt nur den ersten Teil dieser wesentlich längeren Reise dar und wird von der MOB betrieben, einer der etwa siebzig Privatbahnen der Schweiz.

Schon kurz hinter Montreux beginnt der Aufstieg mit einem weiten Bogen. Die Steigung beträgt 7,3% und liegt damit dicht an dem mit natürlicher Radreibung erreichbaren Maximalwert. Durch dichte Tannenwälder kommt man nach Montbovon, Château d'Oex und Gstaad, das in 1050 Meter Höhe in einem unvergleichlichen Skigebiet mit 250 km Pisten und 69 Skiliften liegt. Dann geht es etwas bergab nach Zweisimmen (948 m), von wo aus eine 13 km lange Nebenstrecke das Obersimmental hinauf nach Lenk (1068 m) am Fuß des Wildstrubel führt.

Oben: Der »Superpanoramic Express« besteht aus Wagen mit sehr großen Fenstern, die den Fahrgästen ungehinderten Ausblick auf die Landschaft erlauben. Hier sehen wir ihn im Berner Oberland.

Mitte links: Ein Reisezug überquert eine Talbrücke. Rechts: Pullmanwagen der MOB mit dem Signet der CIWLT.

Unten links: Vor der Abfahrt vom Bahnhof Montreux. Rechts: Ein MOB-Zug zwischen Zweisimmen und Lenk.

MONTREUX-BERNER OBERLAND-BAHN (MOB)

Montreux–Zweisimmen–Lenk

Länge: 75,2 km
Spurweite: 1000 mm
Größte Steigung: 7,3%
Erreichte Höhe: 1275 m
Höhenunterschied: 880 m
Versorgungsspannung: 850 V (=)
Bauzeit/Eröffnung: 1901–1912

Die MOB verwöhnt den Reisenden mit modernen, bequemen Zügen. In den blauen Wagen des »Superpanoramic Express« gibt es besonders große Aussichtsfenster auch in der Dachfläche sowie eine einladende Bar, doch auf derselben Linie kann man auch eine Fahrt in einem der komfortablen alten, perfekt restaurierten Pullmanwagen aus dem Jahr 1914 buchen, die noch den vergangenen Luxus der Belle Époque ausstrahlen.

Wer von Zweisimmen aus den vorerwähnten »Golden Pass« weiter verfolgen möchte, muß die Simmentalbahn (SEZ) und die Lötschbergbahn (BLS) nehmen, um Interlaken zu erreichen, während er von dort nach Luzern auf die Brünig-Linie der SBB angewiesen ist. Im Gegensatz zur MOB und zur Brünig-Linie der SBB, die auf 1000-mm-Schmalspur fahren, benutzen SEZ und BLS die Normalspurweite 1435 mm, so daß einige Spurwechsel, sprich: Umsteiger, erforderlich sind, um die ganze Strecke nach Luzern oder Zürich zurückzulegen.

Foto: Der Ferienort Zweisimmen und sein Umsteigebahnhof. Nächste Doppelseite: Noch einmal der »Superpanoramic Express« auf der Fahrt durchs Berner Oberland.

Schematische Darstellung der »Golden Pass«-Fahrt

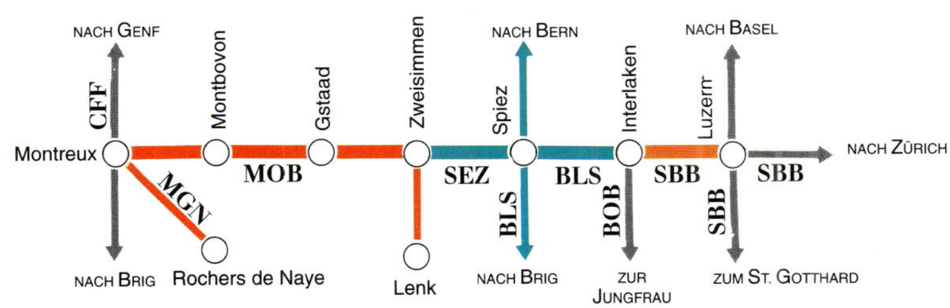

Die Berner Oberlandbahn verbindet Interlaken über Zweilütschinen mit Lauterbrunnen und mit Grindelwald und ermöglicht es den Alpenfreunden und Skiläufern, beliebte Zentren wie Schynige Platte, Jungfraujoch, Mürren und Wengen zu erreichen. Zu diesen Orten gelangt man mit Hilfe verschiedener Nebenlinien, die alle von der Hauptstrecke ausgehen.

Interlaken (lat. »zwischen den Seen« ist ein hübsches Städtchen, eingebettet zwischen Thuner und Brienzer See. Es besitzt ein Spielcasino und einen 18-Loch-Golfplatz. Eine Menge Boote laden auf beiden Seen zu herrlichen Fahrten ein. Ein Besuch in den Beatushöhlen am Thuner See ist zu empfehlen.

Die Stadt hat zwei Bahnhöfe, Interlaken West und Ost. Von letzterem fahren die Züge der Berner Oberland-Bahn ab. In Zweilütschinen teilt sich der Zug in zwei Teile, den nach Lauterbrunnen und den nach Grindelwald. Sowohl an der einen als auch an der anderen Endstation kann man in die WAB, die Wengernalpbahn, umsteigen.

Von Interlaken aus erklimmt der Zug das 1034 Meter hoch gelegene Grindelwald in 35 Minuten. Auf Wunsch kann man eine Fahrt im 1901 gebauten »Kaiserwagen«, der vor kurzem restauriert wurde, für einen beliebigen Zug buchen. In diesem Wagen findet man an vier Tischen sechzehn Sitzplätze und weitere neun Hocker an der Bar, wo Speisen und Getränke angeboten werden. Spezielle Züge mit alten Dampfloks und Waggons aus dem Ende des vorigen Jahrhunderts werden für Gruppenfahrten zur Verfügung gestellt, und auf Verlangen wird an besonders schönen Plätzen ein Halt eingelegt.

Grindelwald ist im Sommer wie im Winter ein beliebtes Reiseziel. Der sonnige Ort liegt im Tal der Schwarzen Lütschine. Gletscherzungen hoher, das Gebiet beherrschender Berge reichen bis in die Täler hinab. In weniger als einer Stunde erreicht man zu Fuß die

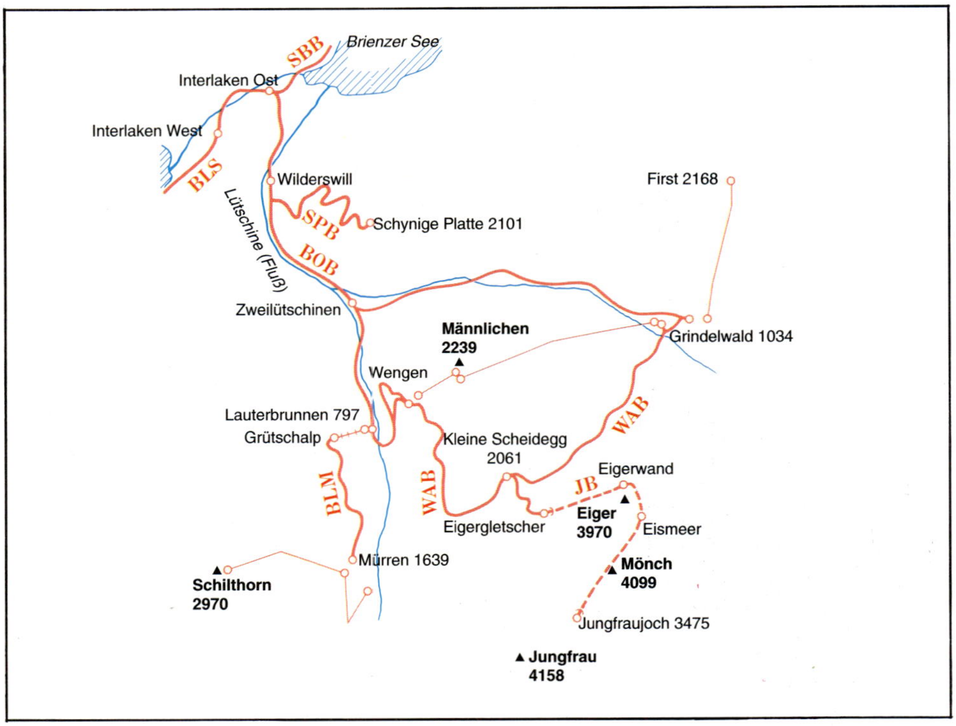

Klamm am Unteren Grindelwald, wo die Region des ewigen Schnees beginnt. Dort in den Zentralalpen führen schätzungsweise 300 Kilometer Wege und Maultierpfade in alle Himmelsrichtungen. Mit der Kabinenbahn kommt man nach First (2171 m), einem beliebten Ausgangspunkt für eine Menge Bergtouren.

BERNER OBERLAND-BAHN (BOB)

Interlaken Ost–Grindelwald–Lauterbrunnen

Länge: 23,5 km
Spurweite: 1000 mm
System: teilweise Zahnradantrieb Typ Abt
Größte Steigung: 12%
Erreichte Höhe: 1034 m
Höhenunterschied: 467 m
Versorgungsspannung: 1500 V (=)
Bauzeit/Eröffnung: 1890

Oben: Der Bahnhof Interlaken Ost, der von drei Bahngesellschaften angelaufen wird. Hier halten auch verschiedene internationale Züge.

Unten: Ein Zug der Berner Oberlandbahn fährt an der Lütschine entlang, deren oft schlammiges Wasser von den nahen Gletschern herabströmt.

Großes Foto: Ein Streckenstück der Bahn nach Grindelwald. Links: Die Jungfrau, von Interlaken aus gesehen.

Links, zweites Foto: Das Wetterhorn, wie man es von der Berner Oberlandbahn aus sieht.

Links, untere Fotos: Züge der Berner Oberlandbahn fahren an der Lütschine entlang.

Gegen Ende des 19. Jahrhunderts, das überreich war an technischen und wissenschaftliche Errungenschaften und großen Entdeckungen, wurde 1893 die Alpenbahn eröffnet, die von Lauterbrunnen nach Grindelwald führt (vgl. Karte S. 46). Das war ein wichtiges Datum für die verkehrsmäßige Erschließung des gewaltigen Bergmassivs im östlichen Berner Oberland mit dem ausgedehntesten Gletschergebiet Europas, dessen wohl bekanntester, wenn auch nicht höchster Gipfel die Jungfrau ist.

Damit wurde es möglich, sich in Interlaken Ost in einen Zug der Berner Oberlandbahn (BOB) zu setzen, in Lauterbrunnen in die neue Wengernalpbahn (WAB) umzusteigen, zur Kleinen Scheidegg hinauf und dann wieder hinab nach Grindelwald zu fahren und von dort mit der BOB den Kreis in Zweilütschinen zu schließen, um am Ende zum Ausgangsort Interlaken zurückzukehren. Diese Verbindung zu schaffen war um so wichtiger, als man mit dem Auto über Lauterbrunnen hinaus nicht ins Tal der Weissen Lütschine

Großes Foto: Die Gleise der Wengernalpbahn führen zwischen Weiden und darüber verstreuten, schmucken Chalets hindurch. Links oben: In den Wagen der Wengernalpbahn machen die Fahrgäste ihre Kameras bereit.

Foto links: Im Innern der 800-mm-Schmalspurwagen finden wir an jeder Seite zweisitzige Bankreihen. Unten links: In der Umgebung der Kleinen Scheidegg. Unten rechts: Talfahrt nach Lauterbrunnen.

und über Grindelwald hinaus nicht in das der Schwarzen Lütschine kommt. Von Lauterbrunnen (797 m) aus klettert der Zug nach Wengen (1274 m) hinauf, das von einer Hochebene aus das weite Tal beherrscht. Anschließend geht es durch dichte Tannenwälder nach Wengernalp. Diese grandiose Landschaft inspirierte einst den Schriftsteller Lord Byron zu seinem Werk *Manfred*.

Oberhalb von Wengernalp erklimmt die Zahnradbahn das weithin bekannte Touristik- und Wintersportzentrum Kleine Schei-

WENGERNALPBAHN (WAB)

Lauterbrunnen–Wengernalp–Grindelwald

Länge: 19,1 km
Spurweite: 800 mm
System: Zahnstange Typ Riggenbach
Größte Steigung: 25%
Erreichte Höhe: 2061 m
Höhenunterschied: 1267 m
Versorgungsspannung: 1500 V (=)
Bauzeit/Eröffnung: 1893

Großes Foto: Unmittelbar vor der Kleinen Scheidegg, mit 2061 m der höchste Punkt der Fahrt.

Oben links: Der Bahnhof Grindelwald, wo man in die Züge der Berner Oberlandbahn (BOB) umsteigt.
Mitte: Ein Zug verläßt Grindelwald in Richtung Kleine Scheidegg.
Unten: Blick auf Lauterbrunnen und das »Tal der Wasserfälle«.

degg, mit 2061 Metern der höchste Punkt der Fahrt. Er befindet sich auf dem Bergsattel zwischen den beiden Tälern, aus denen die drei Alpenmassive Jungfrau, Mönch und Eiger aufsteigen. Von hier aus beginnt der Abstieg nach Grindelwald (1034 m).

Grindelwald, weltweit berühmt und vom Fremdenverkehr geprägt, wird wegen seiner imposanten Umgebung gern das »Land der Gletscher« genannt. Über die Tannenwälder hinweg erblickt man rundum die mächtigsten Berggipfel der Ostschweiz – ein alpiner Anziehungspunkt für Wanderer und Bergsteiger, für die das Fremdenverkehrsbüro am Ort viele Bergtouren unterschiedlicher Schwierigkeit und Länge organisiert, die auch zu den unbekannteren, besonders reizvollen Orten dieser Berggegend führen.

Zum Jungfraujoch hinauf führt die berühmteste Zahnradbahn der Alpen (vgl. Karte S. 46). Sie beginnt an der Kleinen Scheidegg (Paßhöhe 2061 m, Abzweig von der Wengernalpbahn) am Fuß der imposanten Eigernordwand (3970 m) und erreicht auf 3454 m Höhe das Jungfraujoch, wo sich die höchstgelegene Eisenbahnstation unseres Kontinents befindet. Von der 9,3 km langen Strecke führen 7,2 km durch einen Tunnel mitten durch das Bergmassiv. Dieses kühne Tunnelbauwerk erforderte um 1900 volle sechzehn Jahre Bauzeit und die Anwendung von damals revolutionären Methoden.

Die fast 1400 Meter Höhenunterschied werden in einer Stunde überwunden. An drei Haltepunkten kann der Fahrgast durch in den Fels geschlagene »Fenster« das grandiose Panorama genießen. Von der Aussichtsterrasse der Endstation bietet sich dem Betrachter einer der herrlichsten alpinen Ausblicke. Zwischen den Gipfeln der Jungfrau (4158 m) und des Mönch (4099 m) fällt der Blick auf den Aletschgletscher, den mit 24,7 km längsten Gletscher Europas. Jenseits von ihm er-

scheint das Finsteraarhorn (4274 m), der Riese des Berner Oberlands. Am Horizont erkennt man bei klarem Wetter die Bergketten des Jura, der Vogesen und des Schwarzwalds.

Am Zielbahnhof kann man den »Gletscherpalast« besuchen, einen riesigen, in den Fels gesprengten Raum etwa 20 m unterhalb der Gletscheroberfläche, in dem das ganze Jahr über eine Eisbahn in Betrieb ist.

Wen es dann noch höher hinauf zieht, der erreicht durch den Sphinx-Tunnel den Aufzug, der ihn auf eine weitere Aussichtster-

JUNGFRAUBAHN (JB)

Kleine Scheidegg–Jungfraujoch

Länge: 9,3 km
Spurweite: 1000 mm
System: Zahnstange Typ Strub
Größte Steigung: 25%
Erreichte Höhe: 3454 m
Höhenunterschied: 1393 m
Versorgungsspannung: 1125 V
Bauzeit/Eröffnung: 1898–1912

Obere Reihe von links: Die endlose Fläche des Aletschgletschers, betrachtet vom Jungfraujoch aus; der Gipfel der Jungfrau von der Aussichtsterrasse aus gesehen; große Fenster im Fels erlauben an den Haltepunkten der Bahn Ausblicke auf das Alpenpanorama; am Jungfraujoch; die Endstation liegt im Felsmassiv.

Untere Fotos, links: Die Paßhöhe Kleine Scheidegg. Rechts: Die Talstation der Jungfraubahn, wo man von der Wengernalplinie umsteigt. Auf dem Dach der Triebwagen befinden sich zwei Stromabnehmer und darüber zwei Fahrdrähte, weil hier noch Dreiphasenstrom wie zu Beginn der Elektrifizierung der Bahn verwendet wird.

rasse bringt, 3573 Meter hoch auf einem Ausläufer des Mönch gelegen, von wo aus sich ihm ein noch tolleres Panorama bietet. Hier befindet sich auch die alpine Forschungsstation.

Großes Foto: Aufstieg zur Bergstation vor dem grandiosen Hintergrund der Jungfrau.

Bildreihe rechts: Oben: Unter der Eigernordwand. Mitte: Alphornbläser in luftiger Höhe. Unten: Einer der Oldtimer-Züge aus den Jahren 1909–1924.

Von Grund aus, wo die Wengernalpbahn (WAB) kurz vor Grindelwald anhält, kann man in 30 Minuten mit einer Kabinenbahn die 2224 Meter hoch gelegene Station Männlichen auf dem gleichnamigen Berg erreichen (vgl. Karte S. 46).

Die kleinen hängenden Kabinen schweben über smaragdgrüne Weiden und gelangen dann an eine weite Hochebene, wo in der Nähe der Station ein Restaurant den Bergtouristen zum Verweilen einlädt. Von der Terrasse des Gebäudes aus kann man einen herrlichen Ausblick über die Berner Alpen genießen, doch da eine kleine Erhöhung, der Tschuggen, einem die Sicht auf die nahen Gletscher zum Teil verdeckt, ist es ratsam, etwa eine halbe Stunde Fußmarsch auf einem leicht begehbaren Weg in Kauf zu nehmen und zum Aussichtspunkt Kraineshei zu gehen, der ungefähr hundert Meter höher liegt. Hier sieht man sich nach Süden zu den majestätischen Gipfeln des Eiger, des Mönch und der Jungfrau gegenüber, bedeckt mit ewigem Eis und Schnee – ein Hintergrund wie für eine imposante Bühnendekoration. Schaut man in entgegengesetzter Richtung,

also nach Norden, so wandert der Blick über die Schynige Platte hinab ins Tal zur Stadt Interlaken mit ihrem reißenden Fluß, der Aare, und ihrer idyllischen Lage zwischen Brienzer und Thuner See.

Man kann Männlichen statt von Grindelwald (Grund) auch von der anderen Seite her erreichen, indem man von Wengen aus eine andere Seilbahn nimmt, die diese Strecke in 20 Minuten bewältigt.

MÄNNLICHEN-KABINENBAHN

Grund–Männlichen

Obere Reihe von links: Die Talstation der Kabinenbahn in Grund; der Ort Wengen am Westhang des Männlichen; auf der Hochfläche des Männlichen; mit diesen kleinen Kabinen überwindet die Seilbahn in zwei Teilstrecken einen Höhenunterschied von über 1200 Meter.

Untere Reihe von links: Vom Männlichen aus blickt man über die Schynige Platte und hinunter ins Tal auf Interlaken; das Panorama nach Süden mit Eiger, Mönch und Jungfrau; die Bergstation in 2224 Meter Höhe.

In Lauterbrunnen (796 m), einer der beiden Endstationen der Berner Oberlandbahn (BOB) von Zweilütschinen aus, zweigt auch eine Bergbahn nach Mürren ab (vgl. Karte S. 46).

Man erreicht diesen Ort, indem man zuerst die Standseilbahn nimmt, die nahe dem Staubbach-Wasserfall steil in die Höhe nach Grütschalp (1489 m) hinaufführt. Dort steigt man in die Schmalspurbahn nach Mürren um und legt die kurze Fahrt in 15 Minuten zurück. Diese Strecke hat keine starken Steigungen mehr, bietet aber wundervolle Ausblicke auf die schroffen Felswände der schneebedeckten Berge, die sich majestätisch aus dem Tal der Weißen Lütschine erheben.

Mürren liegt auf einer sonnigen Ebene hoch über der Westseite des Lauterbrunnentals, gerade gegenüber den Stein- und Eismassen des Jungfraumassivs und ist mit 1639 Metern eines der höchstgelegenen Touristikzentren der Berner Alpen, Ziel von Alpenwanderern und Skiläufern bereits seit dem Anfang dieses Jahrhunderts. Von Mürren aus kann man mit der Kabinenbahn noch bis in

Obere Reihe von links: Die Station in Mürren; Blick über Mürren; die Seilbahn nach Grütschalp.
Untere Reihe von links: (oberes Foto:) Mürren von der Seilbahn aus gesehen; (unteres Foto:) Ausblick auf Mönch und Eiger; der Ort Wengen auf dem Talboden; die Bergbahn nach Mürren vor dem Hintergrund von Eiger, Mönch und Jungfrau.

1971 Meter Höhe zum Schilthorn hinauffahren und dort die wundervolle Aussicht auf die Berner Alpen genießen.

Ebenfalls von Mürren führt eine andere Seilbahn zum Allmendhubel (1938 m). Auch von dort breitet sich – mit anderer Blickrichtung – ein weites Alpenpanorama vor dem Betrachter aus, dominiert von den felsigen Hängen des Schwarzmönch an der Westseite des Jungfraumassivs.

BERGBAHN LAUTERBRUNNEN–MÜRREN (BLM)

Lauterbrunnen–Mürren

Länge: 4,3 km
Spurweite: 1000 mm
Größte Steigung: 5%
Erreichte Höhe: 1639 m
Höhenunterschied: 158 m
Versorgungsspannung: 550 V (=)
Bauzeit/Eröffnung: 1891

Von der Bahnstation Wilderswil, 4 km südlich von Interlaken Ost auf der Strecke der BOB nach Zweilütschinen gelegen (vgl. Karte S. 46), durchquert eine Zahnradbahn dichte Wälder, macht in Breitlauenen (1542 m) halt und erreicht in 50 Minuten die Bergstation auf der Schynige Platte (1967 m).

Von der Terrasse des nahegelegenen Hotels hat man das bezaubernde Panorama der Berner Alpenkette vor sich: das Lütschinental mit Grindelwald, dahinter im Osten der mächtige Gipfel des Wetterhorns (3701 m), dann rechts davon das Schreckhorn (4078 m) und weiter weg das schneebedeckte, gewaltige Massiv von Eiger (3970 m), Mönch (4099 m) und Jungfrau (4158 m). Dreht man sich weiter herum, folgt das Lauterbrunnental, über dem sich das Mittaghorn (3897 m) erhebt, während sich nach Norden die weite Ebene mit Interlaken und den beiden Seen, dem Brienzer und dem Thuner, anschließt.

Auf der Schynige Platte lohnt sich ein Besuch in dem schönen Alpengarten, in dem auf den Naturfreund um die 500 verschiedene Pflanzenarten warten.

Die Eisenbahndirektion stellt auf Verlangen eine Dampflokomotive aus dem Jahr 1894 und Wagen aus der Zeit der Jahrhundertwende zur Verfügung, mit denen man seinen Gästen bei besonderen Anlässen, etwa zu Hochzeiten, Familienfesten oder Kongressen, ein angenehmes, nostalgisches Erlebnis im Stil des 19. Jahrhunderts bieten kann.

SCHYNIGE–PLATTE–BAHN (SPB)

Wilderswil–Schynige Platte

Länge: 7,2 km
Spurweite: 800 mm
System: Zahnstange Typ Riggenbach
Größte Steigung: 26%
Erreichte Höhe: 1967 m
Höhenunterschied: 1383 m
Versorgungsspannung: 1500 V (=)
Bauzeit/Eröffnung: 1893

Obere Reihe von links: Dieses Panorama bietet sich dem Fahrgast von der Bergstation Schynige Platte aus; die Bergstation Schynige Platte; ein Zug in der Talstation Wilderswil; auf dieser Linie sind noch Fahrzeuge aus der Zeit der Jahrhundertwende in Betrieb.
Unten links: Ein Streckenstück, das sich zwischen steilen Almweiden und Tannenwald dahinzieht. Rechts: Ein Blick von oben zeigt in der Ferne die Stadt Interlaken und links den Thuner See.

Die Schmalspurbahn der SBB, die in etwa zwei Stunden von Luzern aus den Bahnhof Interlaken Ost erreicht, durchfährt eine ungewöhnlich schöne Landschaft zwischen den Seen und Bergen der Zentralschweiz. Vom westlichen Ufer des Vierwaldstätter Sees herkommend, streift sie den kleinen Sarner See und durchfährt eine stille, ländliche Region ohne große Fremdenverkehrszentren und Skilifte. Nach der Bewältigung des gut 1000 Meter hohen Brünigpasses geht es hinter Brienz am Ufer des Brienzer Sees wieder schneller und am Ende des Sees erreicht man das Ziel, den Bahnhof Interlaken Ost. Dies ist übrigens die einzige Schmalspur-Linie der Schweizerischen Bundesbahnen (SBB). Ihre Waggons werden vielfach im gegenseitigen Austausch mit denen der Berner Oberlandbahn (BOB) eingesetzt, deren Versorgungsspannung sich von der der SBB zwar unterscheidet, die aber die gleiche Spurweite hat. Auch die LSE, die Linie Luzern–Stans–Engelberg, benutzt einen Teil der SBB-Gleise mit.

Der Brünigpaß mit 1002 m Höhe ist auch der höchste Punkt der Reise. An der Grenze

Zugkreuzung im Bahnhof Brünig-Hasliberg, dem höchsten Punkt der Strecke.

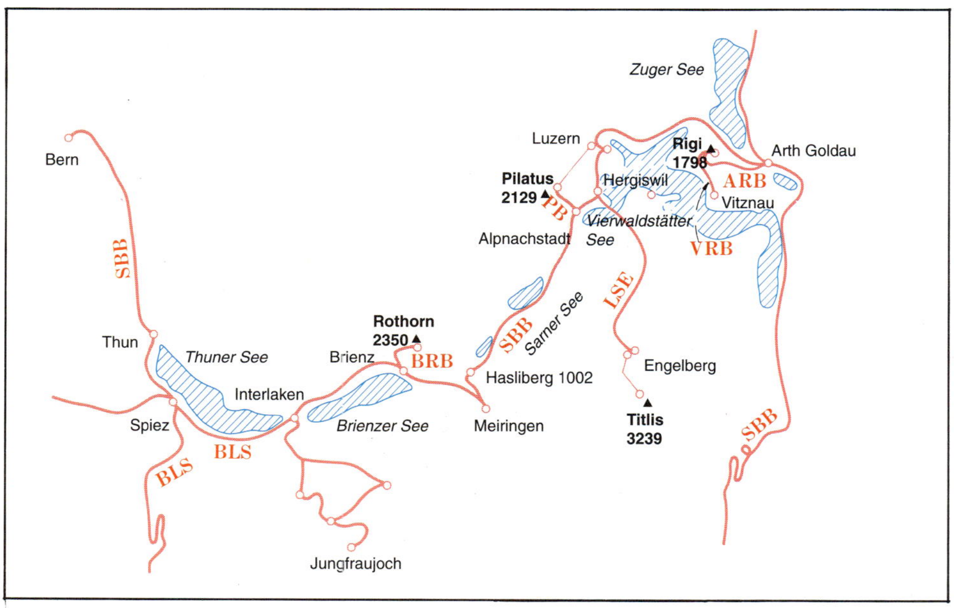

zwischen den Kantonen Unterwalden und Bern gelegen, ist er einer der ältesten Alpenpässe der Schweiz. Auf den 27 Kilometern zwischen den Orten Giswil und Meiringen zu beiden Seiten des Passes macht die Strecke den typischen Eindruck einer Bergbahn. Die Züge setzen hier einen Zahnradantrieb System Riggenbach ein, mit dem sie Steigungen bis zu 12% zu überwinden haben. Auf den übrigen Teilen der Strecke gibt es keine ungewöhnlichen Steigungen, so daß hier die Züge, die von einer modernen Lok vom Typ HGe 4/4 aus dem Jahr 1989 gezogen werden, mit recht hohem Tempo fahren können.

Die beiden Endstationen Luzern und Interlaken stellen wichtige Knotenpunkte der eidgenössischen Eisenbahnen dar, besonders belebt durch Reisende, die von hier aus im Winter wie im Sommer in die Fremdenverkehrsorte strömen. Am Bahnhof Luzern haben außer der Brünigpaß-Linie noch vier weitere ihren Ausgangspunkt, nämlich die Züge nach Basel, Zürich, Bern und zum Gotthard. Ebenso fahren vom Luzerner Seeufer Schiffe zum Rigi (vgl. S. 81), zum Pilatus (vgl. S. 75), zum Burgenstock und zum Stanserhorn. Interlaken, inmitten einer schmalen Landzunge zwischen Brienzer und Thuner

BRÜNIGBAHN (SBB)

Luzern–Interlaken Ost

Länge: 74 km
Spurweite: 1000 mm
System: streckenweise Zahnradantrieb Typ Riggenbach
Größte Steigung: 12%
Erreichte Höhe: 1002 m
Höhenunterschied: 565 m
Versorgungsspannung: 15000 V/16 2/3Hz
Bauzeit/Eröffnung: 1888–1916

Oben: Ein Zug der Brünigbahn bei der Talfahrt.

Unten: Von einer modernen Elektrolok HGe 4/4 gezogen, bewältigt der Zug leicht den Aufstieg auf der Giswiler Seite.

See gelegen und von imposanten Bergen beherrscht, ist Umsteigebahnhof für alle, deren Reiseziel das berühmte Bergmassiv der Jungfrau ist. Interlaken selbst ist ebenfalls ein wichtiger Fremdenverkehrsort, dessen Hotels aus viktorianischen Zeiten einst von den gekrönten Häuptern ganz Europas besucht wurden.

Oben: Die Einfahrt in den ersten Zahnstangenabschnitt bei Giswil.
Unten: Ein Zug der Brünigbahn: Im ersten Wagen wird für das leibliche Wohl gesorgt.

Oben: Der Bahnsteig der Brünigbahn im neuen Luzerner Bahnhof. Mitte links: Alte Dampflok, ausgestellt auf dem Bahnhof Meiringen. Mitte rechts: Die malerische Fassade des Luzerner Bahnhofs. Unten, links oben: »Abfahren« – Der Stationsvorsteher hebt die Kelle. Unten, links unten: Eine »Conducteurin« im Zug. Unten rechts: Den Regionalverkehr bewältigen Gepäcktriebwagen vom Typ Deh 4/4.

Von Brienz, dem kleinen Ort am Nordostende des gleichnamigen, romantisch gelegenen Sees, bis hinauf zum Rothorn, das sich darüber erhebt, ist die Bahnfahrt ganze siebeneinhalb Kilometer lang (vgl. Karte S. 64). Der Höhenunterschied zwischen Tal- und Bergstation beträgt jedoch 1732 Meter, woraus eine Steigung von mehr als 25% resultiert, d. h. mit jedem Kilometer Fahrt klettert man um 250 Meter höher. Die Brienz–Rothorn-Bahn, eine der steilsten der ganzen Schweiz, ist auch die einzige nicht elektrifizierte Strecke und läßt vor unseren Augen das längst vergessene Bild eines den Steilhang hinaufkeuchenden Dampfzuges mit langer Rauchfahne wieder erstehen. Auch die kleinen Stationen und die Aussichtswagen haben ihr hundert Jahre altes Image bewahrt, so daß eine Fahrt in einem dieser altmodischen Waggons, wenn man von der Kleidung der Fahrgäste einmal absieht, uns in die Zeit der Eröffnung dieser Bahnlinie (1892) zurückversetzen könnte.

Das Züglein kämpft sich schnaubend zwischen bewaldeten Hängen bergauf, die sich mit grünen Weideflächen abwechseln und

Typenskizze
Zahnraddampflokomotive H 2/3 *BRB Nr. 12*
Baujahr 1991 *SLM Winterthur*

bietet uns herrliche Aussichten. Wir passieren die Planalp (1314 m) und erreichen nach rund einer Stunde die Endstation Rothorn-Kulm (2298 m) knapp unterhalb des Berggipfels, zu dem wir rasch zu Fuß über einen Saumpfad gelangen. Dort erwartet uns ein bezauberndes Panorama, das von den Zinnen des Berner Oberlands bis zu den Alpengipfeln von Uri und Wallis reicht.

BRIENZ–ROTHORN-BAHN (BRB)

Brienz–Brienzer Rothorn-Kulm

Länge: 7,6 km
Spurweite: 800 mm
System: Zahnradantrieb Typ Abt
Größte Steigung: 25%
Erreichte Höhe: 2298 m
Höhenunterschied: 1732 m
Bauzeit/Eröffnung: 1892

Rechts: Eine Lokomotive von 1891, die seit Eröffnung der Linie in Betrieb ist. Unten: Ein durch grünes Weideland führendes Stück der Strecke.

5 Fotos gegenüber, oben links: Die Talstation liegt in Brienz an der Straße, gegenüber dem Bahnhof der Brünigbahn. Mitte links: Auf der Strecke werden auch Dieselloks eingesetzt. Unten links: Im Vordergrund ein Zug aus alten Zeiten. Gegenüber, oben rechts: Die alte Dampflok schiebt den Wagen den steilen Hang hinauf. Unten rechts: Zeichnung der neuen Dampflok vom Typ H 2/3 Nr. 12, Baujahr 1991.

Nächste Doppelseite: Die kleinen Dampfzüge verkehren in kurzen Abständen hintereinander. Jenseits des Bergkamms liegt der Brienzer See.

Meiringen im Tal der Aare ist ein wichtiger Fremdenverkehrsort an der Brüniglinie. Vom Bahnhofsvorplatz aus verkehren verschiedene Buslinien zu beliebten Punkten in der Umgebung.

Eine ganz auf das »Sightseeing« zugeschnittene Rundfahrt, genannt die »Vierpässefahrt«, bietet den Teilnehmern ein sich ständig wandelndes Szenarium von Bergen, Tälern, Flüssen und Ortschaften in der Zentralschweiz. Der Bus startet um halb neun Uhr morgens in Richtung Grimselpaß (2165 m), von wo aus man einen sagenhaften Blick auf das Finsteraarhorn (4274 m) hat, den höchsten Berg des Berner Oberlands. Gletsch, die nächste Etappe auf 1759 Meter Höhe, liegt am Fuß des Rhônegletschers, eines der schönsten in den Alpen, der bis zur Mitte des vorigen Jahrhunderts noch dicht an den Häusern des Dorfes vorbeizog. Dann fährt man eine Weile durchs Hochtal der Rhône, bis man nach links in Richtung Nufenenpaß (2478 m) abbiegt. Von dieser Wasserscheide herab fließt der Ticino (Tessin), an dem die Straße bis nach Airolo entlangführt, dem Tessiner Eingang zum Gotthardtunnel. Der Bus fährt je-

Obere Fotos: Am Nufenenpaß; kurz vor der Grimsel-Paßhöhe. Mittlere Fotos: Das Hinweisschild am Gotthardpaß gibt 2091 Meter an; einer der Busse für die Vierpässefahrt. Untere Fotos: Am Sustenpaß; vom Bahnhof Meiringen aus fahren Busse zu allen Sehenswürdigkeiten der Gegend; rauschendes Wildwasser in der Aareklamm.

Foto gegenüber: Ein Wegweiser am Grimselpaß.

doch bergauf in eine trostlose Einöde, den Gotthardpaß, der seit undenklichen Zeiten gleichermaßen Verbindung und Trennlinie zwischen deutschsprachigem und mediterranem Teil der Schweiz darstellt.

Am Ende der grandiosen Abfahrt vom St.Gotthard liegt Andermatt; von hier erreicht man Wassen, nachdem man die zwischen vorspringenden Granitblöcken herabschießende Reuß überquert hat. Dort schlägt der Bus die Richtung nach Westen ein, um den letzten Paß, den Susten (2224 m), zu bewältigen. Um 17 Uhr 40 trifft er wieder in Meiringen ein.

Eine abgekürzte Rundfahrt, genannt die »Dreipässefahrt«, schneidet bei Gletsch den Weg ab, führt stattdessen zum Furkapaß (2431 m) und trifft bei Andermatt wieder auf die oben beschriebene Strecke.

VIERPÄSSEFAHRT MIT DEM BUS

Meiringen–Grimselpaß–Nufenenpaß–Gotthardpaß–Sustenpaß –Meiringen

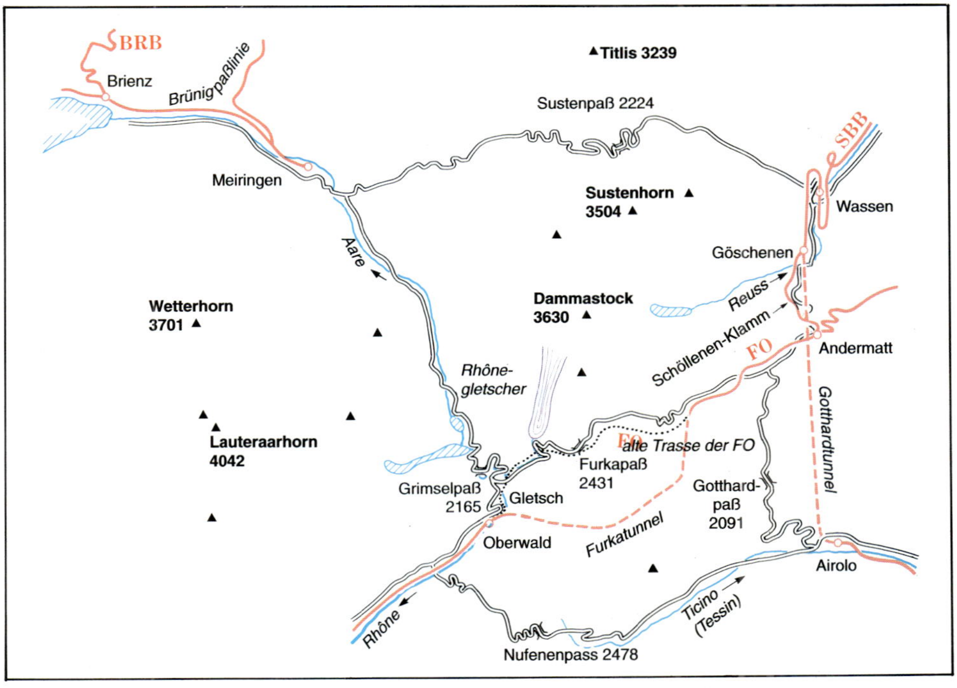

Losgelöst von den herrlichen Bergen, die sich um Luzern erheben, ragt im Südwesten das Voralpenmassiv des Pilatus in den Himmel, eine imposante, gezahnte Felsmasse, in den Wintermonaten mit Schnee bedeckt, der im Frühling vor farbenprächtigen, blühenden Wiesen zurückweicht. An seinem Gipfel, so sagt die Legende, sei Pontius Pilatus, der Statthalter Roms in Palästina, begraben.

Die Station Pilatus-Kulm (2070 m) erreicht man mit einer Zahnradbahn von Alpnachstad aus, das am äußersten Südwestzipfel des Vierwaldstätter Sees (16 km von Luzern) liegt. Von Luzern kommt man entweder mit dem Zug (20 Minuten) oder mit dem Schiff (80 Minuten) nach Alpnachstad. Die Bahnstrecke zum Pilatus ist mit schwindelerregenden Steigungen bis zu 48% die steilste Zahnradbahn der Welt, die den Steilhang nur dank eines einzigartigen Systems der »künstlichen Reibung« erklimmen kann; es besitzt zwei spezielle Zahnräder, die sich in der Zahnstange festbeißen. Die Wagen sind der starken Steigung durch schiefe Böden, Decken und Wände angepaßt und haben eine ähnli-

Foto gegenüber: Die Pilatusbahn klettert zwischen den Felsen den Berg hinauf.

Oben: Die Talstation in Alpnachstad. Unten links: Schiebebühne mit Zahnstange an der Station Alpnachstad. Unten rechts: Die besondere Form der Zahnstange erfordert eine spezielle Weichenkonstruktion in Form einer Schiebebühne.

che Rautenform wie die Kabinen von Standseilbahnen, so daß die Pilatusbahn in manchen Reiseführern auch irrtümlich den Standseilbahnen zugerechnet wird.

Der kurze Aufstieg (vgl. Karte S. 64) wird in 30 Minuten bewältigt, der Abstieg dauert zehn Minuten länger. Er führt an den Almweiden von Amsigenalp vorbei und über die Geröllfelder von Mattalp hinaus. Im Winter behindern Schnee und Eis die Bahnstrecke, so daß von Oktober bis Mai auf die Seilbahn ausgewichen werden muß, die direkt von Luzern kommend zur Nordseite des Pilatus führt.

PILATUSBAHN (PB)

Alpnachstad–Pilatus-Kulm

Länge: 4,5 km
Spurweite: 800 mm
System: Zahnstange Typ Locher
Größte Steigung: 48%
Erreichte Höhe: 2070 m
Höhenunterschied: 1634 m
Versorgungsspannung: 1550 V (=)
Bauzeit/Eröffnung: 1889

Foto gegenüber: Die Zahnradbahn bewältigt hier die letzte Steilstrecke kurz vor der Bergstation.
Oben links: Ein roh in den Fels geschlagener Tunnel. Mitte links: Die Trasse für die Bahn wurde so knapp aus dem Fels gehauen, daß die Gleise gerade eben Platz haben. Unten links: Die Bergstation Pilatus-Kulm.

Kleine Fotos: Eine Gondel der Kabinenbahn, die nach Luzern hinabführt; an schroffen Felswänden muß, durch Seile gesichert, loses Gestein entfernt werden.

Von der Bergstation Pilatus-Kulm kommt man auf einem Fußweg rasch zum nahen Esel (2133 m), dem bekanntesten Gipfel des Massivs, der einen wirklich ungewöhnlichen, ja einen der buntesten und markantesten Rundblicke der gesamten Schweiz bietet. Außer dem Vierwaldstätter See mit seinen bizarren Buchten, der von den Wassern der Reuß gespeist wird, schimmern die Wasserspiegel der übrigen vierzehn Seen herüber; schaut man in die Weite, so reicht der Blick von den bewaldeten Höhen des Schwarzwalds bis zu den Umrissen der großen Alpenmassive – ein grandioses, unvergeßliches Panorama, vor allem, wenn man es bei Sonnenauf- oder Untergang genießt.

Zu erwähnen wäre noch, daß ein Hotel und Restaurant denjenigen, die dort oben verweilen und den Blick womöglich zu unterschiedlichen Tageszeiten erleben möchten, seine Dienste anbietet.

LUZERN–STANS–ENGELBERG-BAHN (LSE)

Luzern–Stans–Engelberg

Länge: 25 km
Spurweite: 1000 mm
System: teilweise Zahnstange Riggenbach
Größte Steigung: 25%
Erreichte Höhe: 1002 m
Höhenunterschied: 557 m
Versorgungsspannung: 15 000 V/16 2/3 Hz
Bauzeit/Eröffnung: 1898–1964

Der Zug, der Luzern mit Engelberg verbindet (vgl. Karte S. 64) und dabei einige geschichtlich und kulturell bedeutsame Orte berührt, hat bei der Abfahrt gewöhnlich sechs Wagen. Zunächst folgt er der Brünigbahn bis Hergiswil, wo er nach Südosten abbiegt. Stanstad läßt er liegen, hält dann aber in Stans, das, in einer fruchtbaren Ebene gelegen, zu den ältesten Städten der Zentralschweiz zählt. Wer die Gegend von einem erhöhten Punkt aus betrachten möchte, kann sich mit der nahe dem Museum abfahrenden Seilbahn zum Stanserhorn in 1898 Meter Höhe hinauftragen lassen.

Das letzte Stück der von Stans nach Engelberg weiterführenden Strecke ab Obermatt weist eine maximale Steigung von 25% auf und benötigt daher Zahnradantrieb. Die Züge werden hier geteilt, so daß sie nur noch je drei Wagen haben und dann von einer hinten angekoppelten Lok bergauf geschoben. Ein Kranz von Bergstöcken umgibt die Endstation Engelberg, aus dem der Schloßberg (3130 m), die beiden Gipfel des Spannort (3198 und 3108 m) und der Titlis (3239 m) besonders hoch herausragen. Der heutige Sommer-und Wintererholungsort Engelberg kann auf eine große mittelalterliche Vergangenheit zurückblicken. Die im 12. Jahrhundert erbaute Benediktinerabtei beherbergt im angebauten Mönchskloster eine berühmte Schule der Buchmalerei. Die kultivierten, aber waghalsigen Mönche waren es auch, die 1744 den Titlis erstmals bestiegen, um – so sagt man – zu beweisen, daß zwischen den Gipfeln nicht, wie verängstigte Alpenbewohner behaupteten, der Teufel wohne.

Oben: Die Bahn von Luzern nach Engelberg auf dem letzten Streckenstück mit Zahnstange. Unten links: Der Bahnhof in Engelberg. Unten rechts: Ein Zug nach Engelberg, hier in der Ebene bei Stans.

STANDSEILBAHN/KABINENBAHN ENGELBERG

Engelberg–Titlis

Der riesige, mit ewigem Schnee bedeckte Gletscher des Titlis ist ein bevorzugtes Ziel der Skiläufer auch während der Sommermonate. Man erreicht diesen Ort zunächst mit einer Standseilbahn, die von Engelberg bis Trübsee führt und von dort aus mit einer Kabinenbahn. Mit ihr gelangt man zum 3020 Meter hohen Klein-Titlis mit seiner wunderschönen Aussicht, die von den Alpen des Berner Oberlands bis hin zum fernen Schwarzwald und zum Jura reicht. Zum Gipfel des Titlis (3239 m) ist es dann nicht mehr weit; der Aufstieg ist in 40 Minuten zu schaffen.

Fotoreihe von oben und von links nach rechts: Seilbahnantrieb am Titlis; Parkplatz an der Talstation der Kabinenbahn; eine Kabine schwebt hinauf zum Titlis; im Tal erkennt man den Trübsee; kurz vor der Ankunft in der Bergstation; die Endstation auf 3020 m Höhe; Skiläufer in der Nähe des schneebedeckten Gipfels; Ausblick auf die Bergkette des Berner Oberlands.

Nach Vitznau am Ostufer des Vierwaldstätter Sees kommt man von Luzern aus mit dem Schiff in etwa einer Stunde. Unweit des Anlegers findet man die kleine Station der Zahnradbahn, die an der Wand des Rigi hinaufklettert (vgl. Karte S. 64). Es ist die älteste alpine Zahnradbahn Europas und die breite Normalspur bewirkt, daß die Wagen innen sehr geräumig sind. Eröffnet wurde die Bahn mit Dampflokomotiven; ein Exemplar aus dieser Zeit mit stehendem Kessel ist im Eisenbahnmuseum Luzern ausgestellt und wird für besondere Anlässe auch heute noch manchmal benutzt. 1938 nahm man dann Elektroloks in Betrieb. Auf dem Weg zum Rigi passiert man Rigi-Kaltbad (1423 Meter hoch in einer herrlichen Lage über dem See) und Rigi-Staffel (1603 m) nahe dem Aussichtspunkt Rostock, um schließlich an der Endstation Rigi-Kulm (1752 m) nach insgesamt 35 Minuten Fahrt anzukommen. Vom nahen Gipfel aus ist das Panorama eines der bezauberndsten, das die Schweiz anzubieten hat. Unsterblich gemacht durch Victor Hugo, lockt dieser Aussichtspunkt den Betrachter zum Blick auf den Vierwaldstätter, den Lau-

Linke Reihe, von oben: Ein Zug der Rigibahn; ein Blick aus dem Fenster auf der Strecke zum Rigi; die Dampflokomotive mit stehendem Kessel von 1873, ausgestellt im Luzerner Eisenbahnmuseum.

Rechte Reihe, von oben: Ein alter Personenzugwagen der Vitznau–Rigi-Bahn; der Führerstand; eine perfekt erhaltene Dampflok aus dem Jahr 1923.

erzer und den Zuger See, ausgebreitet zu Füßen der Berge, während in der Ferne die Drei- und Viertausender des Berner Oberlands und des Kantons Uri aufsteigen.

Auf der dem Rigi gegenüberliegenden Seite des Sees befindet sich bei Bürgenstock in 871 Meter Höhe ein Aussichtspunkt, zu dem man von Kehlsiten aus zuerst mit einer Kabinenbahn und dann nach 152 Metern Fahrt in einem Aufzug gelangt; dort wartet auf den Betrachter ein wundervoller Blick über den See und die Berge der Ostseite.

VITZNAU–RIGI-BAHN (VRB)

Vitznau–Rigi

Länge: 7 km
Spurweite: 1435 mm
System: Zahnstange Typ Riggenbach
Größte Steigung: 25%
Erreichte Höhe: 1752 m
Höhenunterschied: 1315 m
Versorgungsspannung: 1500 V (=)
Bauzeit/Eröffnung: 1871–1873

Linke Reihe, von oben: Ein noch heute auf dem Vierwaldstätter See eingesetzter Raddampfer; die Talstation der Kabinenbahn nach Bürgenstock; der Aufzugsmast für den letzten Teil der Fahrt; der Schiffslandeplatz in Vitznau.

Oben rechts: Alte und moderne Züge im Bahnhof Vitznau; die Zahnradbahn zum Rigi auf dem steilsten Streckenabschnitt, vom See aus gesehen.

Oben: Ein Zug der Arth–Rigi-Bahn; im Hintergrund kann man den Vierwaldstätter See erahnen.

Mitte: Kurz vor der Bergstation Rigi-Kulm. Unten: Die Endstation Rigi-Kulm, an der nebeneinander die Züge von Vitznau und Arth einlaufen können.

Zum Rigi hinauf gelangt man auch von einem andern Startpunkt aus: von Arth, einem kleinen Ort am Südzipfel des Zuger Sees. Die Zahnradbahn ARB arbeitet sich an der Ostseite des Bergmassivs hinauf, fährt an Klösterli vorbei und trifft bei Rigi-Staffel auf die Gleise der Vitznau–Rigi-Bahn (VRB), so daß die Züge nebeneinander am Endpunkt Rigi-Kulm einlaufen. Auf dieser Strecke sind noch eine Elektrolok aus dem Jahre 1925 sowie ein Waggon von 1875 in Betrieb.

ARTH–RIGI-BAHN (ARB)

Arth-Goldau–Rigi-Kulm

Länge: 8,5 km
Spurweite: 1435 mm
System: Zahnstange Typ Riggenbach
Größte Steigung: 20%
Erreichte Höhe: 1752 m
Höhenunterschied: 1240 m
Versorgungsspannung: 1500 V (=)
Bauzeit/Eröffnung: 1875

Kleine Fotos von links nach rechts: Zug auf der Linie Arth–Rigi; an einem Zwischenhalt muß der Lokführer Güter aus- und einladen; ein Streckenstück am Hang des Rigi; das Bahndepot von Arth.

Unten: Die Station Rigi-Staffel auf dem Weg nach Rigi-Kulm. Die Gleise rechts im Bild führen nach Vitznau, die linken nach Arth hinunter. In Arth treffen sich auch die Fernlinien von Zürich und von Basel nach Italien.

Die Lötschbergbahn von Brig nach Bern ist zwar eine Privatbahn (BLS), doch sie wird auch von den Schweizerischen Bundesbahnen und den internationalen Zügen befahren. Sie stellt den zentralen Teil des Eisenbahnnetzes im Kanton Bern dar, das insgesamt aus 237 Kilometer Bahnstrecken besteht.

Der Lötschbergtunnel, gebaut von 1906 bis 1912, ist 14 602 Meter lang und durchquert die gewaltige Alpenbarriere, die das obere Wallis vom Berner Oberland trennt. Die Bahnlinie, die ihren Namen dem Lötschbergtunnel verdankt, durch den sie Brig mit Bern verbindet, erlaubt eine schnelle Verkehrsführung zwischen Süd- und Nordschweiz. Sie führt durch besonders schöne Landschaften auf einer an kühnen technischen Bauwerken reichen Trasse und bewältigt erhebliche Höhenunterschiede im reinen Reibungsbetrieb.

Hinter Brig gewinnt der Zug rasch an Höhe. Während des Aufstiegs genießen wir unvergleichlich schöne Ausblicke auf die Gebirgskette des Wallis und auf das sonnige Rhônetal. In Goppenstein macht sich der Zug auf den langen Weg durch den Tunnel und erreicht tief im Innern des Berges mit 1240 Metern seine größte Höhe. Nach einem leicht abfallenden Stück kommt er schließlich wieder ans Licht und befindet sich im schmukken Kandertal mit dem kleinen Bergdorf Kandersteg (1176 m) am Fuße des Alpenmassivs. Kandersteg ist berühmt für seine 350 Kilometer Fußwege, die in alle Richtungen durch die umliegende, gigantische Alpenkette führen, und für die zahllosen, gepflegten Skipisten.

Über den Lötschberg führen keine befahrbaren Straßen. Daher müssen die Autos in Goppenstein auf Eisenbahnwagen verladen und bis Kandersteg durch den Tunnel befördert werden.

Ab Kandersteg geht es weiterhin leicht abwärts nach Spiez und dann nach Thun und

Kleine Fotos oben: Ausfahrt aus dem Simplontunnel; bei der Verladung auf den Autoreisezug. Großes Foto oben: Streckenstück zwischen Spiez und Interlaken Ost. Großes Foto unten: Ein Zug der Lötschbergbahn auf der Brücke über die Kander bei Kandersteg. Kleine Fotos unten: Zwischen Brig und Lötschbergtunnel; eine kleine Zwischenstation. Nächste Doppelseite: Das Viadukt von Frutigen zwischen Spiez und Kandersteg.

von da aus auf den Gleisen der SBB bis nach Bern.

Von dieser Hauptlinie zweigt am Bahnhof Spiez die BLS-Zweigstrecke nach Interlaken ab, die ihrerseits an die Region der Jungfrau angeschlossen ist, geradeaus aber über den Brünigpaß bis nach Luzern führt. Ebenfalls von Spiez aus, aber in entgegengesetzter Richtung, kann man über Zweisimmen und Gstaad nach Montreux am Genfer See fahren.

LÖTSCHBERGBAHN (BLS)

Brig–Spiez–Thun–Bern

Länge: 102 km
Spurweite: 1435 mm
Größte Steigung: 2,7%
Erreichte Höhe: 1240 m
Höhenunterschied: 680 m
Versorgungsspannung: 15 000 V/16 2/3 Hz
Bauzeit/Eröffnung: 1872–1913

Die Täler Vigezzo auf italienischem und Centovalli auf schweizerischem Boden schließen in gerader Linie aneinander an, werden aber getrennt durch ein weites Hochplateau, dessen Hänge zu beiden Tälern hin recht flach abfallen. Dadurch ergibt sich hier die ideale Verbindung zwischen Domodossola und Locarno (vgl. Karte S. 84). Die Eisenbahnlinie, die beide Städte miteinander verbindet, wird in Zusammenarbeit der italienischen SSIF mit der schweizerischen FART betrieben. Acht Kilometer hinter Domodossola, nach der Station Trontano, beginnt das Vigezzo-Tal mit dem reißenden Wildbach Melezzo, dem der Zug eine Weile in gerader Linie folgt. Danach steigt er rasch in ein über 300 Meter höher gelegenes Gebiet auf und muß dabei mittlere Steigungen von 5% überwinden, ehe er den höchsten Punkt der Strecke, die offene Hochebene bei Santa Maria Maggiore (831 m) erreicht. Das ist ein reizender kleiner Ort zwischen grünen Wiesen und Nadelwäldern, von dem aus man die Westalpen und die Felsen des Gridone sehen kann. Dann fährt der Zug wieder allmählich bergab nach Melasco und passiert die

Großes Foto: Ein Zug der SSIF auf dem Viadukt von Camedo/ Schweiz. Gegenüber, oben links: Ein schweizerischer Zug der FART auf der Talbrücke bei Intragna. Oben rechts: Elektrotriebwagen der FART. Unten links: Eingang zur Station in Locarno. Unten rechts: Auf dem Bahnhof Domodossola.

Schweizer Grenze bei Ribellasca. Anschließend durchfährt man das Centovalli, das langgestreckt daliegt, durchschnitten von zahlreichen, von hohen Hängebrücken und Viadukten überspannten Quertälern, die seinen Namen (Centovalli = hundert Täler) erklären. Das Tal endet bei dem Ort Intragna, dessen 65 Meter hoher Kirchturm Symbol sein mag für den großen klimatischen Wechsel zwischen dem sehr rauhen alpinen und dem lieblichen mediterranen Klima, mit dem der Lago Maggiore – und an seiner Nordspitze auch Locarno – gesegnet ist.

CENTOVALLI-BAHN (SSIF/FART)

Domodossola–Locarno

Länge: 52 km
Spurweite: 1000 mm
Größte Steigung: 6,1%
Erreichte Höhe: 831 m
Höhenunterschied: 626 m
Versorgungsspannung: 1300 V (=)
Bauzeit/Eröffnung: 1907–1923-1991

MONTE-GENEROSO-BAHN (MG)

Capolago–Monte Generoso Vetta

Länge: 8,7 km
Spurweite: 800 mm
System: Zahnstange Typ Abt
Größte Steigung: 22%
Erreichte Höhe: 1594 m
Höhenunterschied: 1320 m
Versorgungsspannung: 850 V (=)
Bauzeit/Eröffnung: 1890

Von Capolago aus, einem Ort an der äußersten Südostecke des Luganer Sees, startet eine kleine Zahnradbahn, die innerhalb von 40 Minuten zuerst über bedrohlich überhängende Felsen zur Straße von Capolago nach Mendrisio hinaufklettert, sich dann nach einer Spitzkehre auf bewaldeter Trasse weiter hinaufkämpft, die Stationen San Nicolao und Bella Vista passiert und schließlich die Gipfelstation (Vetta) auf dem Monte Generoso erreicht (vgl. Karte S. 84). Dieser Ort ist berühmt für sein Alpenpanorama und den Blick auf die lombardische Ebene, die fern am Horizont verschwindet.

Regulär verkehrt diese Zahnradbahn in den Monaten April bis November mehrmals täglich. Auf Wunsch kann bei besonderen Anlässen ein Nostalgie-Zug mit einer Dampflokomotive von 1890 und Waggons der »Belle Époque« eingesetzt werden.

Oben: Die Zahnradbahn in Capolago. Mitte links: Die Gipfelstation in 1594 Meter Höhe. Mitte rechts: Ein Zug beim Aufstieg an bewaldeten Hängen. Unten: Auf der letzten Etappe vor dem Gipfel des Monte Generoso.

Man erreicht Piotta, die Talstation der Standseilbahn, indem man die Straße durch das Valle Leventina mit dem Auto fährt oder in Airolo am Bahnhof den Bus der PTT nimmt (vgl. Karte S. 84).

Die Seilbahn wird zum Monte Piora auf 1793 Meter hinaufgezogen, und es heißt, daß dies mit 87,8% Steigung (ebenso steil sind die Druckleitungen neben den Gleisen verlegt) der für öffentliche Verkehrsmittel steilste Aufstieg sei, den es gibt. Da nur eine einzige Kabine per Seilwinde hinauf- und hinabtransportiert wird, handelt es sich praktisch um einen Schrägaufzug. Der Höhenunterschied von etwa 800 Metern wird in zwölf Minuten bewältigt. Nicht weit entfernt liegt in herrlich einsamer Landschaft 1850 Meter hoch der Lago (See) Ritóm. Einladende Spaziergänge führen ins Val Piora und zu den Seen von Cadagno und Santa Maria oder auch zum Lukmanier- und zum Uomo-Paß (2223 m). Eine leichte dreistündige Tour führt zum Pizzo Taneda (2667 m) hinauf, von wo man einen wundervollen Ausblick auf die Walliser und Berner Alpen hat.

STANDSEILBAHN PIOTTA–PIORA

Piotta–Monte Piora

Oben: Das Gleis der Standseilbahn läuft parallel zu den Druckrohren des Kraftwerks. Fotos links: Die blaurote Kabine an der Talstation. Rechts unten: Der Gleiskörper der steilsten Standseilbahn der Welt.

Die Gotthard-Bahnlinie verbindet Chiasso mit Luzern und Zürich (vgl. Karte S. 84) und bildet einen Teil der kürzesten Verbindung von Italien durch die Schweiz nach Deutschland. Über den Gotthardpaß, der schon in der Antike frequentiert wurde, führte seit der Mitte des vorigen Jahrhunderts eine (mit Kutschen) befahrbare Straße, deren höchster Punkt 2114 Meter hoch lag. Mit der Entwicklung der Eisenbahn als Verkehrsmittel wurde sehr bald klar, daß man einen Tunnel brauchte, denn nur dann würde man das Alpenmassiv zwischen den Kantonen Tessin und Uri mit der Bahn überwinden können. Das große Bauwerk, mit dem man 1872 begann und das zum größeren Teil der damals junge italienische Staat finanzierte, konnte 1882 in Betrieb genommen werden. Es war die dritte Bahnlinie nach Brenner und Moncenisio, die die Alpenbarriere überwand. Der Tunnel, mit dem die Bahnlinie steht und fällt, verläuft zwischen Airolo (1141 m) im Süden und Göschenen (1106 m) im Norden und ist 15 Kilometer lang. Im Innern des Tunnels wird mit 1151 Metern die größte Höhe erreicht. Problematisch war wegen der großen

(Foto auf dieser Seite:) Das Nordportal des Gotthardtunnels in Göschenen.

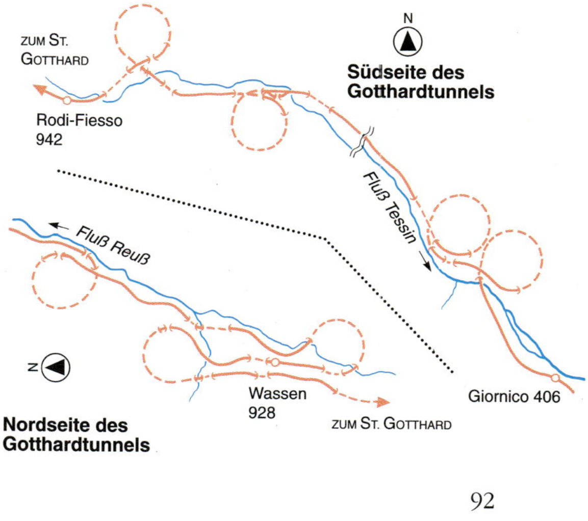

Gegenüber, großes Foto: Sonderfahrt des »roten Pfeils« RAe 2/4 von 1935. Linke Fotofolge: Ein Zug durchfährt die berühmten Kehren bei Giornico, die es ermöglichen, 210 Meter Höhenunterschied zu bewältigen. Unten links: Ein internationaler Zug auf der Gotthardstrecke. Unten rechts: Blick in einen Speisewagen der SBB, Modell EW IV.

Höhenunterschiede die Anlage der zu den beiden Tunneleingängen führenden Bahnstrecken. Um auf so kurzem Wege derartige Steigungen zu überwinden, mußte man aufwendige wendel- und spiralförmige Galerien bauen. Heute befahren täglich etwa 170 Züge den Tunnel. Bei Arth-Goldau verzweigt sich die Strecke in zwei Linien, von denen die eine nach Zürich, die andere nach Luzern führt. Die Reise von Chiasso nach Zürich dauert ungefähr dreieinhalb Stunden.

GOTTHARDLINIE (SBB/FFS)

Chiasso–Luzern (Zürich)

Länge: 226 km
Spurweite: 1435 mm
Größte Steigung: 2,6%
Erreichte Höhe: 1151 m
Höhenunterschied: 922 m
Versorgungsspannung: 15 000 V/16 2/3 Hz
Bauzeit/Eröffnung: 1882

Für den Reisenden aus Italien ist Brig die erste schweizerische Stadt nach der langen Fahrt durch den Simplontunnel. Wir befinden uns im Kanton Wallis. Von hier fährt eine Schmalspurbahn zuerst ein Stück das Rhônetal entlang parallel zu den Gleisen der SBB, um in Visp urplötzlich nach Süden ins Vispertal und ins enge Mattertal abzubiegen, wo die starke Steigung nur mit dem Zahnradantrieb überwunden werden kann. Bei Randa ist eine Teilstrecke erst kürzlich neu gebaut worden, nachdem 1991 ein Bergrutsch zu einer Umleitung gezwungen hatte. Während der Zug allmählich zwischen Almweiden mit verstreuten Holzhäusern hinaufsteigt, tauchen im Hintergrund die scharfen Zinnen von Mischabelgruppe und Kleinem Matterhorn auf. Ein riesiger Parkplatz voller Autos zeigt an, daß bei Täsch die befahrbaren Straßen aufhören. Ab hier muß die Bahn zwischen den letzten beiden Stationen weiterhelfen. Schließlich öffnet sich das Tal, und vor uns liegt Zermatt am Fuß des Matterhorns wie in einem grandiosen Amphitheater aus Gletschern und Bergen. Zermatt selbst liegt liebevoll eingebettet da; auf der langen

Großes Foto: Der Zug durchfährt das Mattertal.
Untere Reihe von links nach rechts: Zwei Aufnahmen von der Strecke zwischen Brig und Zermatt; der Parkplatz voller Autos bei Täsch.

Die Bahnstation Zermatt mit Pferdekutschen und kleinen Elektroautos für die Touristen; alte Steinbrücke (Mitte 16. Jahrhundert).

Straße durch den Ort, zu beiden Seiten gespickt mit Hotels und Läden, verkehren im Sommer Kutschen und im Winter Pferdeschlitten und erhöhen noch die unvergleichliche Ausstrahlung dieses Luftkurortes. Im Alpenmuseum findet man zahlreiche Schriften, Fotos und Ausstellungsstücke, die die einstigen Unternehmungen der Bergsteiger und die dramatische Bezwingung der alpinen Giganten belegen.

BRIG–VISP–ZERMATT-BAHN (BVZ)

Brig–Visp–Zermatt

Länge: 44 km
Spurweite: 1000 mm
System: teilweise Zahnradantrieb Typ Abt
Größte Steigung: 12,5%
Erreichte Höhe: 1605 m
Höhenunterschied: 954 m
Versorgungsspannung: 11 000 V/16 2/3 Hz
Bauzeit/Eröffnung: 1890–1930-1991

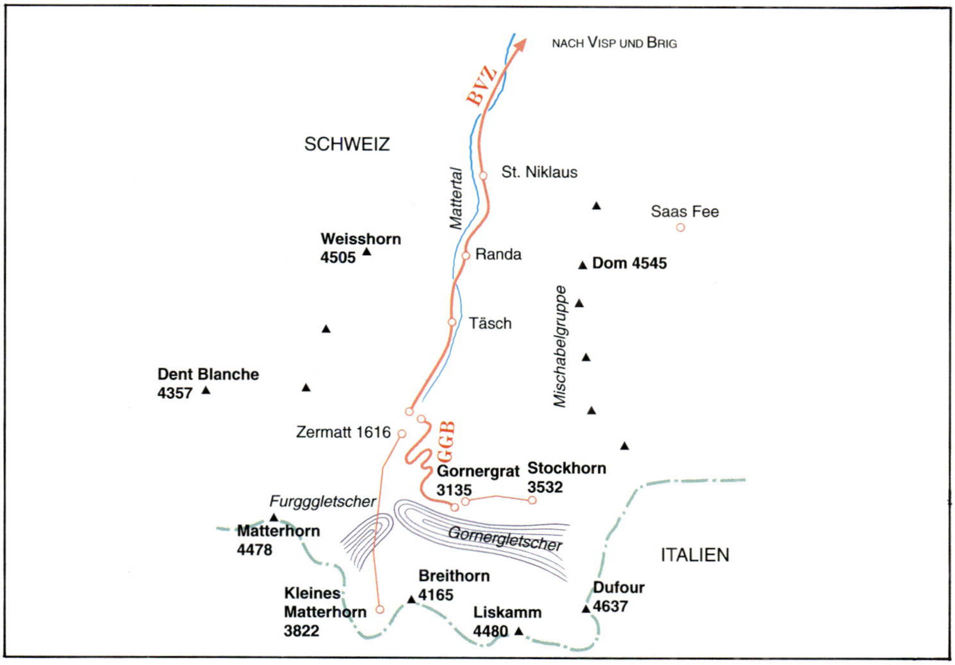

Auch wer sich nicht mit Eispickel und Klettereisen in die Alpen traut, kann durchaus das Gefühl auskosten, den ewigen Schnee aus nächster Nähe zu erleben. Mit der Zahnradbahn, die von Zermatt hinaufklettert, kann er bis zum 3135 m hohen Gornergrat fahren (vgl. Karte S. 95). Um die gut neun Kilometer lange Strecke zu bewältigen, braucht die rote Gebirgsbahn etwa 50 Minuten. Sie hält in Riffelalp (2209 m) und Riffelberg (2582 m), von wo aus stark befahrene Skipisten zu Tal führen.

Vom Gornergrat aus kann man mit einer Kabinenbahn auch noch auf das 3532 m hohe Stockhorn weiterfahren. Hier befinden wir uns in den Zentralalpen und können ein Panorama von grandioser Schönheit genießen, aus dem der Monte Rosa und zwölf weitere Viertausender aufragen.

Doch es ist das 4478 Meter hohe Matterhorn, das uns ganz besonders in seinen Bann zieht, jene pyramidenförmige Spitze, die lange Zeit als unbezwingbar galt. Erst nach vielen vergeblichen Versuchen wurde der Gipfel erstmals am 14. Juli 1865 von dem Engländer Edward Whymper und sieben an-

Gornergrat. In der Mitte vor uns das Matterhorn, eingerahmt vom Dent Blanche (4357 m, rechts), dem Furgggletscher (links) und dem Gornergletscher.

deren Bergsteigern von der Schweizer Seite aus erreicht. Es war strahlender Sonnenschein, und Whymper notierte damals, daß »...der 160 Kilometer weit entfernte Monviso ganz nahe schien«, und daß »...200 Kilometer weit weg die Seealpen am Mittelmeer klar zu erkennen waren«. Der Abstieg war dramatisch, denn ein heftiger Steinschlag kostete vier der Begleiter des Briten das Leben. Drei Tage darauf wurde der Gipfel auch von der italienischen Seite her von einer Seilschaft unter Führung von Giovanni Antonio Carrel aus Valtournenche bezwungen.

GORNERGRATBAHN (GGB)

Zermatt–Gornergrat

Länge: 9,3 km
Spurweite: 1000 mm
System: Zahnradantrieb Typ Abt
Größte Steigung: 20%
Erreichte Höhe: 3089/3135 m
Höhenunterschied: 1484 m
Versorgungsspannung: 7250 V
Bauzeit/Eröffnung: 1898

Oben: Ankunft an der Endstation Gornergrat. Mitte links: Das Matterhorn von Zermatt aus; Talstation der Gornergratbahn in Zermatt. Unten: Zwischenhalt in Riffelberg.

Die Furka–Oberalp-Bahn verbindet Brig und Disentis und bildet den Mittelteil der Fernstrecke Zermatt–St.Moritz, auf der die Züge des berühmten »Glacier-Expreß« verkehren (vgl. Karte S. 101).

Von Brig durchfährt der Zug das Rhônetal bis nach Oberwald. Von hier geht es durch den Furkatunnel (15,381 km lang, eröffnet 1982) nach Realp. Die Eisenbahnlinie, die früher über den 2160 Meter hohen Paß führte, gestattete es den Reisenden, die äußersten Ausläufer des Rhônegletschers aus nächster Nähe zu bewundern. Doch der Be-

FURKA–OBERALP-BAHN (FO)

Brig–Andermatt (Göschenen)–Disentis

Länge: 100 km
Spurweite: 1000 mm
System: teilweise Zahnradantrieb Typ Abt
Größte Steigung: 17,9%
Erreichte Höhe: 2033 m
Höhenunterschied: 1383 m
Versorgungsspannung: 11 000 V/16 2/3 Hz
Bauzeit/Eröffnung: 1915–1926

Oben: Gleisanlage in Brig. Unten: Auf dem Bahnhofsplatz in Brig.

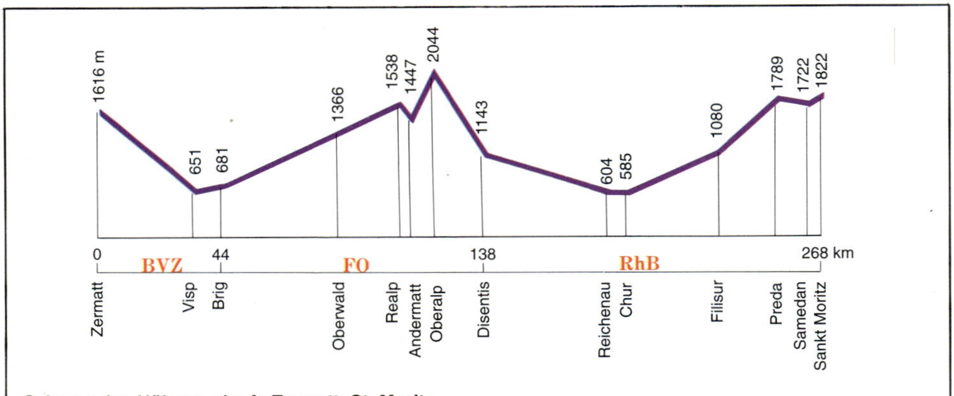

Schema des Höhenverlaufs Zermatt–St. Moritz

trieb dieser Strecke mußte im Winter wegen Lawinengefahr ausgesetzt werden. Heute fährt die Bahn ganzjährig durch den Tunnel und die Autos können ebenfalls auf der Schiene befördert werden.
Auf der alten Strecke über den Paß verkehren mittlerweile historische Dampfzüge der »Dampfbahn Furka (DFB)«.

Hat man Realp im Reußtal passiert, folgt als nächstes Andermatt (1447 m), ein wichtiger Verkehrsknotenpunkt und ein bei Skiläufern beliebter Ort, der genau 300 Meter über dem Gotthardtunnel liegt.

Von Andermatt aus führt eine Nebenlinie in steilem Abstieg hinunter nach Göschenen, vorbei an der grandiosen Schöllenenklamm.

Unsere Bahn dagegen steigt nach dem Halt in Andermatt zum Oberalppaß (2033 m) hinauf, wobei sie 600 Meter Höhenunterschied mit Hilfe einer Reihe von Schleifen und Kehren zu überwinden hat. Ist der höchste Punkt der Fahrt erreicht, geht es am Rhein entlang bis zum Zielort Disentis.

Gegenüber links: Ein Zug der Nebenlinie Andermatt–Göschenen passiert die Schöllenenklamm.

Foto oben rechts: Aufstieg von Andermatt zum Oberalppaß. Darunter links: Reisende auf dem Bahnhof Andermatt. Rechts: Blick von oben auf Andermatt.
Unten: Streckenplan mit Teilstrecken.

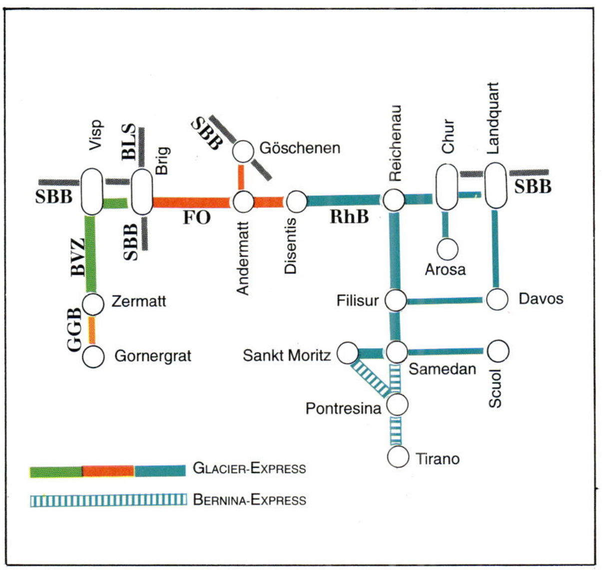

Oben: Der Glacier-Expreß am Ufer des Oberalpsees.

Mitte links: Zuglauftafel am Wagen des Glacier-Expreß nach Zermatt. Mitte rechts: Der Expreß auf der Oberalp-Hochebene. Darunter, links: Autotransportzug am Furka-Basistunnel. Rechts: Einfahrt in den 1982 eröffneten Furkatunnel. Unten links: Die alte Bahnlinie über den Furkapaß, an der derzeit wieder gearbeitet wird. Unten rechts: Auf der früheren Furkapaßlinie über Gletsch kam man ganz nahe am Rhônegletscher vorbei.

Die Rhätische Bahn ist eine der großen Verkehrsgesellschaften der Schweiz und deckt den Kanton Graubünden mit einem engen Eisenbahnnetz ab. Da auch sie Schmalspurbahnen einsetzt und das gleiche Stromsystem nutzt, mit dem die Furka-Oberalpbahn (FO) und die Brig–Visp–Zermatt-Bahn (BVZ) fahren, haben die drei Gesellschaften ihre Züge und Waggons im sogenannten »Glacier-Expreß« vereinigt. Dieser befährt die Strecke von Zermatt nach St. Moritz bzw. auf einer Nebenstrecke nach Davos.

RHÄTISCHE BAHN (RhB)

Oben: Ein Zug aus Arosa auf der Talbrücke von Langwies. Unten links: Verkaufsstand auf dem Bahnhof Chur. Rechts: Im Vorderrheintal bei Chur.

Im Herzen Graubündens kreuzen sich eine Vielzahl von Bahnlinien inmitten wundervoller Landschaften. Die Bündner Oberlandlinie führt von Disentis – nicht allzuweit von der Quelle des Vorderrheins – den Rhein hinab nach Chur, der Kantonshauptstadt. Die Verlängerung dieser Strecke reicht bis nach Davos; zuerst geht es nach Landquart, dann durch das schöne Landquarttal, den Prättigau, und über Klosters in großem Bogen bis zu dem vom Klima verwöhnten, prominenten Wintersportzentrum Davos, das Thomas Mann 1924 zum Schauplatz seines Buches *Der Zauberberg* machte.

Nach Davos erreichen wir Filisur, wo die Bahn mit schweizerischer Pünktlichkeit auf den Anschlußzug trifft, der vom Ufer des Rheins durch den Albulatunnel ins Engadin fährt. Diese Bahnlinie hat ihren nördlichen Ausgangspunkt in Reichenau, führt ein Stück das Hinterrheintal hinauf und dringt hinter Thusis in das Seitental vor, das ihr den Namen Albula-Linie gegeben hat und wo der Zug am Rande der schroff abfallenden Schinschlucht entlangfährt. Hier geht es auch über das schwindelerregend hohe Landwasser-

Links: Auf der Strecke nach Davos.
Gegenüber: Ein Zug der Albulalinie auf dem gewaltigen Landwasser-Viadukt.

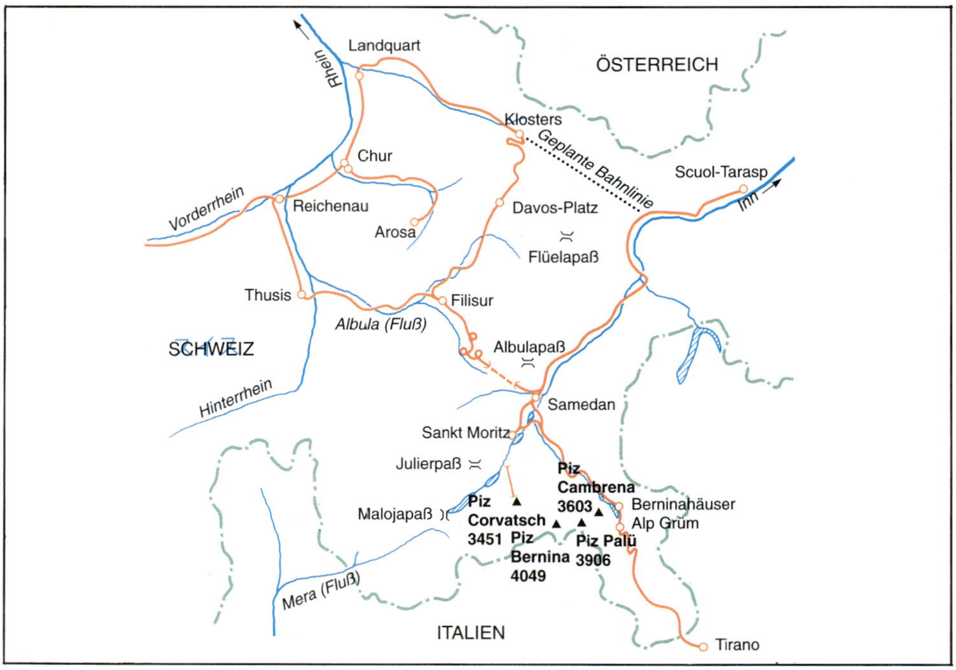

Viadukt, eine der kühnsten Eisenbahnbrükken der Schweiz mit ihren fünf Bögen, die die 65 Meter tiefe Schlucht überspannen. Weiter südostwärts zwischen Bergün und Preda muß der Zug viele Serpentinen fahren, um den Höhenunterschied von 422 Metern bewältigen und danach in den Albulatunnel (5845 m lang) einfahren zu können, in dessen Innern auch der höchste Punkt der Strecke (1823 m) liegt. Bergab geht es dann nach Samedan im Oberengadin, und von dort ist es nicht mehr weit bis zur Perle der Region, Sankt Moritz.

RHÄTISCHE BAHN (RhB)

BÜNDNER-OBERLAND-, DAVOS- UND ALBULA-LINIE

Disentis–Chur–Davos–Filisur–St.Moritz

Länge: 227 km
Spurweite: 1000 mm
Größte Steigung: 6%
Erreichte Höhe: 1823 m
Höhenunterschied: 1300 m
Versorgungsspannung: 11 000 V/16 2/3 Hz
Bauzeit/Eröffnung: 1889–1912

RHÄTISCHE BAHN (RhB)

AROSA-LINIE

Chur–Arosa

Länge: 26 km
Spurweite: 1000 mm
Größte Steigung: 6%
Erreichte Höhe: 1742 m
Höhenunterschied: 1157 m
Versorgungsspannung: 2200 V (=)
Bauzeit/Eröffnung: 1914

Nur langsam kommt der Zug voran, der von Chur aus auf kurviger Strecke in das Schanfigg vordringt, und man kann dem Reisenden nur empfehlen, von einem der Panoramawagen aus die herrlichen Wälder, die Wasserfälle, die kleinen Stationen und die über grüne Weiden verstreuten Chalets anzuschauen. Chur ist nur 26 Kilometer von Arosa entfernt, und die Rhätische Bahn, die seit 1914 die alten und langsamen Postkutschen ersetzt, schafft diese Distanz in einer Stunde (vgl. Karte S. 104).

Große Schwierigkeiten waren beim Bau dieser Trasse zu überwinden. Mit seinen 290 Metern Länge ist das Viadukt bei Langwies fraglos das imposanteste Bauwerk der Strecke. Er überspannt das sechzig Meter tiefe Plessurtal. Arosa ist ein weithin bekanntes Wintersportzentrum mit 70 Kilometer alpinen Skipisten und 35 Kilometer Pisten im Talgrund. Der Fremdenverkehr ist hier schon lange zu Hause: Bereits in der zweiten Hälfte des 17. Jahrhunderts begann das Bergdorf berühmt zu werden, als in Arosa wegen der vorzüglichen Klimalage die ersten Hotels und Sanatorien gebaut wurden. Der Ort ist auch Ausgangspunkt für herrliche Bergtouren zum Aroser Weißhorn (2653 m), zum Hörnli (2497 m) und zum Brüggerhorn (2444 m), die mit Seilbahnen gut zu erreichen sind.

Oben: Der Bahnhof Arosa. Unten links: Klassischer Speisewagen im Bahnhof Chur. Rechts: Im Speisewagen.

In der Südostschweiz reihen sich zwei Landstriche unmittelbar aneinander, das sonnige Oberengadin und das enge, schroffe Unterengadin, wo sich die Ortschaften auf vorspringenden Felsterrassen zusammenducken. Als Bindeglied zwischen den beiden Teilen führt die Eisenbahnlinie von Bever (1714 m) in der Nähe von St.Moritz hinunter nach Scuol (1287 m, vgl. Karte S. 104). Von der Endstation Scuol aus kann man mit der Kraftpost in etwa zwei Stunden das österreichische Landeck erreichen.

RHÄTISCHE BAHN (RhB)

ENGADIN-LINIE

Bever–Scuol-Tarasp

Länge: 49 km
Spurweite: 1000 mm
Größte Steigung: 2,5%
Erreichte Höhe: 1714 m
Höhenunterschied: 427 m
Versorgungsspannung: 11 000 V (=)
Bauzeit/Eröffnung: 1913

Links: Schloß Tarasp mit einem Zug der Engadinlinie im Vordergrund. Das Bauwerk aus dem 11. Jahrhundert ist mit seiner Lage in 1504 Meter Höhe das eindrucksvollste mittelalterliche Schloß Graubündens. Rechts: Ein Zug auf der Engadinlinie.

Die Bahnstrecke, die Tirano (450 m) mit St.Moritz (1822 m) verbindet, ist 61 Kilometer lang. Zwischen den beiden Orten liegt der Berninapaß auf 2323 Meter Höhe. Der erhebliche Höhenunterschied wird von den roten, komfortablen Zügen der Rhätischen Bahn ohne Zuhilfenahme von Zahnradtrieben und – einzigartig für eine Nord-Süd-Verbindung durch die Alpen – ohne nennenswerte Tunnelbauten bewältigt. Man braucht auch nur wenig mehr als zwei Stunden von der einen zur anderen Endstation, so daß die Bezeichnung »Bernina-Expreß« durchaus angemessen erscheint.

Die gewählte Trasse nutzt geschickt die Geländeformen aus, um die maximale Steigung auf 7% zu begrenzen. In zahlreichen Kehren und der einzigartigen offenen Kreiskehre bei Brusio windet sich die Bahn hinauf zur Paßhöhe. Doch auch den besonderen touristischen Wert hatten die Erbauer der Strecke bei ihrer Planung im Auge, indem sie die schönsten Rundblicke ermöglichten. Hier sei zum einen die große Kehre an der Alp Grüm erwähnt, die die Sicht auf das Poschiavotal und auf die Alpi Oróbie oberhalb Ber-

Oben links: Ein langer Zug schlängelt sich durch die Straßen von Tirano. Oben rechts: Der Bahnhof Bernina-Hospiz, höchster Punkt der Strecke. Mitte links: Die Station Ardez mit dem Turm auf der Anhöhe. Mitte rechts: Luftaufnahme der Station Cavaglia. Unten: Der Bernina-Expreß klettert die große Schleife von Brusio hinauf.

gamos erlaubt, zum anderen – wenn man den Paß und die Berninahäuser am höchsten Punkt der Reise hinter sich hat – die Gegend von Montebello, von der aus man den Blick auf die Berninagruppe und auf den majestätischen Morteratsch-Gletscher genießen kann.

Die Strecke, die im Juli 1910 fertiggestellt wurde, war von Anfang an elektrifiziert.

RHÄTISCHE BAHN (RhB)

BERNINA-LINIE

Tirano–St. Moritz

Länge: 61 km
Spurweite: 1000 mm
Größte Steigung: 7%
Erreichte Höhe: 2256 m
Höhenunterschied: 1827 m
Versorgungsspannung: 1000 V (=)
Bauzeit/Eröffnung: 1908–1910

Oben: Der Bernina-Expreß beim Durchfahren der Kehre an der Alp Grüm. Unten: Ein Zug mit zwei offenen Aussichtswagen fährt am Ufer des Lago Bianco entlang; dahinter sieht man den Cambrena-Gletscher.

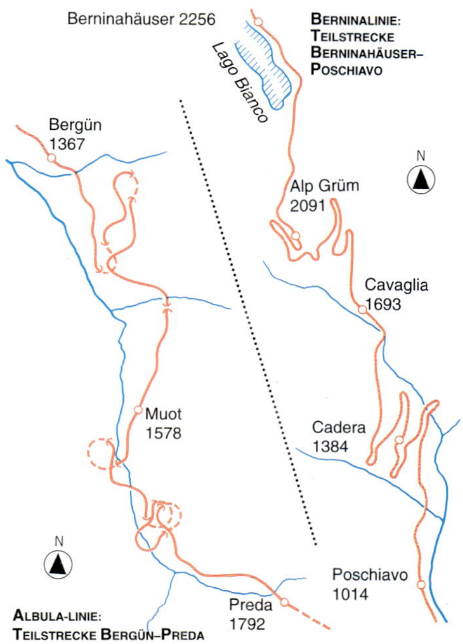

Appenzell, Hauptort des gleichnamigen Kantons im Nordosten der Schweiz, ist ein lustiges Städtchen. »Hier atmet man Feiertagsstimmung«, so meinte Hermann Hesse. Von den Einwohnern sagt man, sie seien die fröhlichsten Schweizer und würden sich nicht scheuen, alte Trachten zu tragen und zu jodeln. Fröhlich und dickköpfig: An der jährlich am letzten Sonntag im April stattfindenden Wahlversammlung dürfen nur Männer, keine Frauen teilnehmen. Der Kanton ist in zwei Teile unterteilt, und im Wappen führen die Appenzeller – wie die Berner – einen Bären.

Mit der Bahn kommt man auf dreierlei Art hierher. Eine Strecke geht von St.Gallen aus, von wo die Gleise teils an der Straße, teils auf eigenem Bahnkörper verlegt sind, bis man mit Zahnradantrieb nach 30 Minuten Gais erreicht. Hier trifft man auf den Zug der zweiten Bahnlinie, die von Altstätten-Stadt herführt. Von Gais aus fährt man dann noch zehn Minuten bis Appenzell. Die dritte Möglichkeit ist, den SBB-Zug von Gossau bis Herisau zu nehmen. Von dort geht es mit der Appenzeller Bahn weiter, die die 234 Meter Höhenunterschied bei 3,7% maximaler Steigung mittels

Oben links: Talstation der Kabinenbahn zur Ebenalp nahe dem Landeplatz der Drachenflieger. Oben rechts: Mitten auf der grünen Wiese liegt die Bahnstation Wasserauen.

Mitte links: Der Bahnhof von St.Gallen. Mitte rechts: Gleich hinter St.Gallen beginnt der steile Aufstieg. Unten links: Ein Zug verläßt den Bahnhof Gossau. Unten rechts: Der Bahnhof in Gais.

Zahnradantrieb gut bewältigt. Über Appenzell hinaus führt die Linie bis nach Wasserauen, von wo aus man mit einer Kabinenbahn zur Ebenalp (1643 m) kommt und dort einen herrlichen Ausblick auf die Bodenseelandschaft und auf die Alpstein-Bergkette hat.

APPENZELLERBAHN (AB)

St. Gallen–Gais–Appenzell–Altstätten-Stadt

Länge: 28 km
Spurweite: 1000 mm
System: teilweise Zahnradantrieb
Größte Steigung: 16%
Erreichte Höhe: 971 m
Höhenunterschied: 511 m
Versorgungsspannung: 1500 V (=)
Bauzeit/Eröffnung: 1889–1911

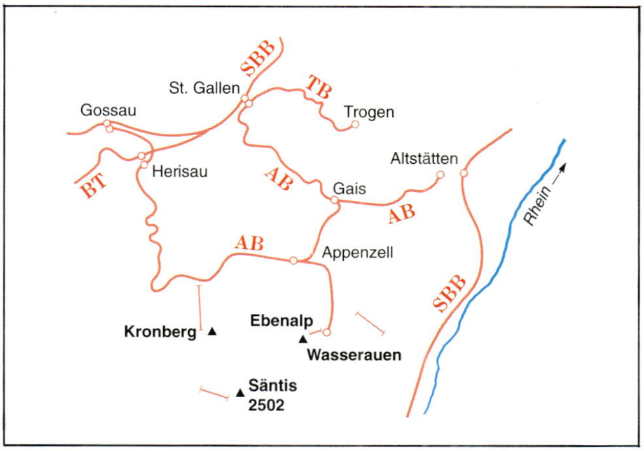

Zwischen Appenzell und Gais passiert der Zug diese malerische Brücke; die ganze Fahrt zwischen den beiden Orten dauert nur zehn Minuten.

Der Arlberg ist einer der bekanntesten Pässe der Zentralalpen (Paßhöhe 1802 m) und verbindet die österreichischen Bundesländer Vorarlberg und Tirol. Der Paß ist auch der kürzeste Weg, um von der Schweiz über Liechtenstein nach Österreich zu kommen. Bereits seit dem Jahr 1414 bestand dort eine befahrbare Straße, die zwar lang und beschwerlich war, an der aber unweit der Paßhöhe das Ospizio di San Cristoforo dem Reisenden Erholung von den Strapazen bot. In der zweiten Hälfte des 18. Jahrhunderts wurde die Straße von Kaiser Joseph II ausgebaut und als man zu Beginn des 19. Jahrhunderts dort einen wöchentlichen Postkutschendienst installierte, besiegelte dies die Bedeutung der Paßstraße als wichtigste Ost-West-Verbindung durch die Alpen.

Doch erst im Jahre 1884 wurde nach Entwürfen von J. Lotte mit einem großen italienischen Arbeitsanteil der Eisenbahntunnel gebaut, der mit einem Schlag die Probleme der schwierigen Alpenüberquerung löste. Zur Zeit seiner Eröffnung konnte sich dieser Tunnel mit seinen 10 250 Metern rühmen, unter den längsten Europas zu rangieren und die

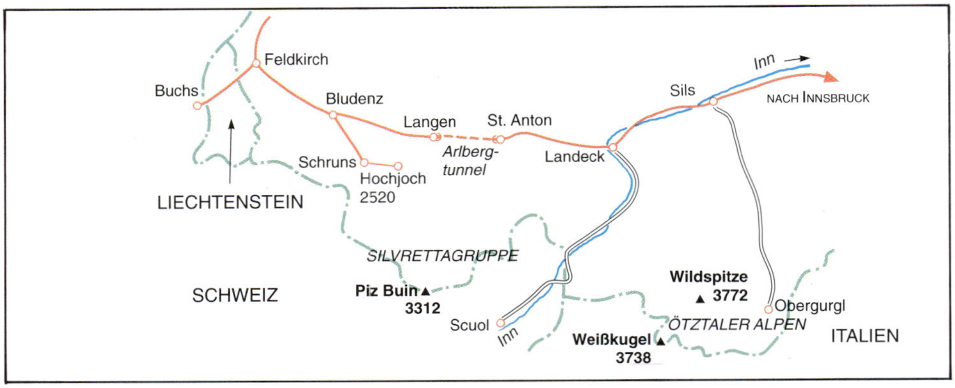

gesamte Strecke von Bregenz am Bodensee bis nach Innsbruck wurde als eines der größten Eisenbahnbauwerke betrachtet. Das galt vor allem für die 138 Kilometer lange Gebirgsstrecke von Bludenz bis Innsbruck, die ungeheure Summen und gewaltige Leistungen der Bauingenieure erforderlich machte.

Bludenz, ein malerisches Städtchen, dominiert von Schloß und Kirche, ist Ausgangspunkt für viele wundervolle Touren ins Montafon und in die Umgebung. Die Stadt ist durch eine Nebenbahnstrecke, die »Montafoner Bahn«, mit dem Ort Schruns verbunden,

ARLBERGBAHN (ÖBB)
Bludenz–Innsbruck

Länge: 138 km
Spurweite: 1435 mm
Größte Steigung: 3,1%
Erreichte Höhe: 1311 m
Höhenunterschied: 750 m
Versorgungsspannung: 15 000 V/16 2/3 Hz
Bauzeit/Eröffnung: 1884

Rechts: Die imposante Trisannabrücke bei Landeck mit ihrer Spannweite von 120 Metern.

Gegenüber, links: Der Zug auf der Arlberg-Westrampe. Rechts oben: Der Bahnhof Bludenz mit einem Zug der Montafonerbahn. Rechts unten: Schruns, die Endstation der Montafonerbahn.

von wo aus ein Sessellift zum Hochjoch (2520 m) hinaufführt. An diesem Aussichtspunkt bietet sich ein phantastisches Rundumpanorama.

Von Bludenz fahren auch die Züge der Österreichischen Bundesbahnen ab, und zwar direkt durch den Arlbergtunnel nach Innsbruck. In Langen befindet sich der westliche Eingang in den Tunnel, in dessen Innern man mit 1311 Metern den höchsten Punkt der Strecke erreicht. Der Zug verläßt den Tunnel und passiert zuerst St. Anton, einen bevorzugten Wintersportort mit zahlreichen Skiliften und Seilbahnen. Es folgt Landeck, wo man viele Touristen aus der Schweiz, etwa von Scuol (Schuls), trifft. Die Bahnlinie verläuft von hier aus am Ufer des Inns bis nach Innsbruck, das in einem weiten Tal liegt, umringt von hohen Gebirgszügen.

Von Sils aus, zwischen Landeck und Innsbruck gelegen, fährt ein Bus ins Ötztal, in das wohl berühmteste Seitental des Inns, bis hin nach Obergurgl (1930 m) an der italienischen Grenze mit seinem typisch Tiroler Flair. Obergurgl ist im übrigen der höchstgelegene österreichische Ort.

Die Reise von Bludenz nach Innsbruck dauert im Schnellzug etwa zwei, in langsameren Zügen bis zu dreieinhalb Stunden.

Vom Bahnhofsplatz der Tiroler Hauptstadt fährt eine Trambahn mit der Bezeichnung STB ins weite, sonnige Stubaital, wo sie zur 940 Meter hoch gelegenen Bergstation Fulpmes emporklettert, einem von herrlichen Bergen umgebenen kleinen Ort. Diese Bahnlinie wurde 1904 eingerichtet und hier verkehrten die Originalfahrzeuge noch bis zum Jahre 1983. Seither werden auch auf dieser Strecke die städtischen Straßenbahnwagen eingesetzt. Von Fulpmes kann man übrigens mit dem Bus zur Mutterbergalm hochfahren und von dort weiter mit der Seilbahn zum Stubaigletscher (3200 m), wo auch im Sommer Ski gefahren wird.

Großes Foto: Ein Intercity kurz vor dem Einlaufen in St. Anton. Oben links: Die Station Langen mit der Tunneleinfahrt.

Oben rechts: Der Orientexpreß (VSOE) auf dem Weg nach St. Anton am Osteingang des Arlbergtunnels.

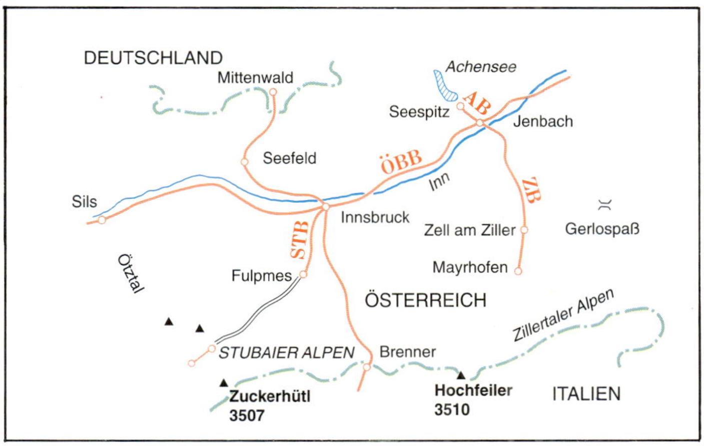

Oben: Eine Straßenbahn der STB, die nach Fulpmes fährt, hat soeben die Innsbrucker Triumphpforte passiert.

Mitte links: Im Speisewagen. Mitte rechts: Kleiner Verkaufsstand auf dem Bahnhof Innsbruck. Unten: Der Bahnhofsvorplatz in Innsbruck.

Die Zahnradbahn, die von Jenbach aus, das im Inntal zwischen Innsbruck und Kufstein liegt, zum Achensee hinauffährt, wurde 1889 unter Kaiser Franz Joseph gebaut. Sie verwendet noch heute die Dampflokomotiven und Waggons aus der Zeit der Gründung, die anläßlich des 100. Jubiläums 1989 überholt wurden. Tatsächlich sind immer noch drei Dampfloks und sechs aus Holz gebaute Waggons (offene oder geschlossene) aus jener fernen Zeit im Einsatz.

Die ausschließlich für den Fremdenverkehr betriebene Bahn verkehrt in den Monaten Mai bis Oktober. Sie bewältigt den Aufstieg durch dichte Wälder bei einem Höhenunterschied von 440 Meter auf weniger als sieben Kilometer Fahrtstrecke und erreicht bei Seespitz das südliche Ende des in 970 Meter Höhe gelegenen Achensees (vgl. Karte S. 115).

Der Achensee mit seiner sehr langgestreckten Form ist der größte der Tiroler Seen, umgeben von etlichen Zweitausendern.

ACHENSEEBAHN (AB)

Jenbach–Seespitz

Länge: 6,8 km
Spurweite: 1000 mm
System: streckenweise Zahnradantrieb
Größte Steigung: 16%
Erreichte Höhe: 970 m
Höhenunterschied: 440 m
Bauzeit/Eröffnung: 1889

In Seespitz laden weiße Passagierschiffe zu einer Rundfahrt entlang der Ufer des Bergsees ein, bei der man das herrliche Panorama genießen und, wenn man will, an der Gaiselalm aussteigen kann, einer nur auf dem Wasserweg erreichbaren, in ganz Europa einmaligen Almwiese.

Oben: Die Dampflok schiebt die Personenwagen den Berg hinauf. Ist der höchste Punkt der Strecke bei Eben erreicht, wird sie vorn angekuppelt und zieht nun den Zug.

Unten links und rechts: Die Kleinbahnlok SL N3 an der Endstation Seespitz am Achensee.

ZILLERTALBAHN (ZB)

Jenbach–Mayrhofen

Länge: 31,7 km
Spurweite: 760 mm
Erreichte Höhe: 630 m
Höhenunterschied: 105 m
Bauzeit/Eröffnung: 1900–1902

An der Südseite des Inntals führt, wiederum von Jenbach aus, eine Schmalspurbahn durch das schöne Zillertal bis nach Mayrhofen, einem bekannten Luftkur- und Wintersportort. Die Bahn fährt mit Dieseltriebwagen, im Sommer verkehren jedoch planmäßig historische Dampflokomotiven. Sie ziehen zweiachsige Wagen mit offenen Aussichtsplattformen hinter sich her, die dem Fahrgast das Gefühl einer Bahnfahrt um die Jahrhundertwende vermitteln.

Oben links: Der Buffet-Wagen des Nostalgiezuges. Oben rechts: Moderner Dieselzug auf der Zillertalstrecke. Mitte: Dampflok von 1902.

Unten links: Ein historischer Dampfzug. Unten rechts: Drinnen spielt eine Tiroler Kapelle.

Garmisch-Partenkirchen erreicht man von Innsbruck aus über Mittenwald. Garmisch ist das größte deutsche Wintersportzentrum und bietet dem Besucher zahlreiche Gelegenheiten zu Touren und Ausflügen. Am meisten zu empfehen ist zweifellos die Fahrt zur Zugspitze, die an der Grenze zwischen Bayern und Österreich liegt und mit ihren 2963 Metern den höchsten deutschen Alpengipfel darstellt. Auf das Zugspitzplatt kommt man in etwa zwei Stunden mit einer Zahnradbahn und kann von dort mit einer Kabinenbahn weiterfahren. Ab Grainau

ZUGSPITZBAHN (BZB)

Garmisch-Partenkirchen–Schneefernerhaus

Länge: 17 km
Spurweite: 1000 mm
System: streckenweise Zahnradantrieb
Größte Steigung: 25%
Erreichte Höhe: 2650 m
Höhenunterschied: 1950 m
Versorgungsspannung: 1650 V (=)
Bauzeit/Eröffnung: 1930

Der »Gläserne Zug« der Deutschen Bahn AG verkehrte bis 1996 im Ausflugsverkehr häufig über die Bahnen rund um Garmisch. Nach einem schweren Unfall im Dezember 96 ist ein weiterer Betrieb des einzigartigen Fahrzeuges derzeit ungewiß.

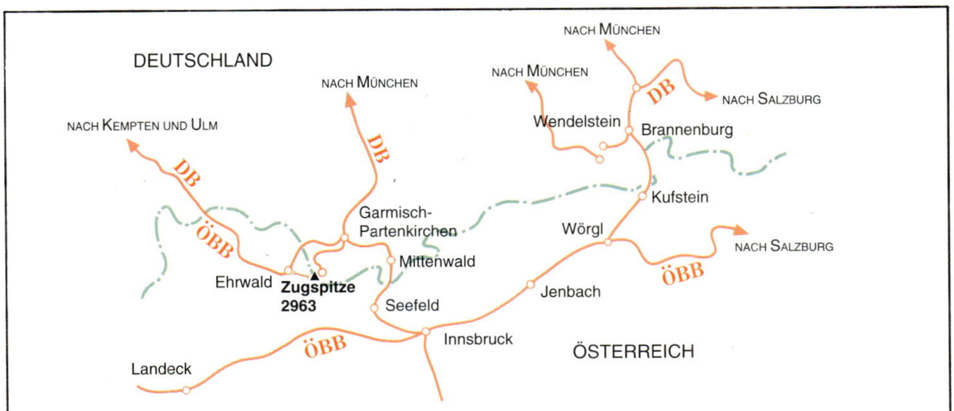

wird der Zahnradantrieb eingeschaltet, und in etwa 1600 Meter Höhe geht es durch mehrere Tunnel. Hat man die Stationen Rießersee und Badersee hinter sich, so kann der Fahrgast am Eibsee in die Seilbahn umsteigen, die ihn auf direktem Wege zum Ziel bringt. Bleibt er jedoch im Zug sitzen, erreicht er bald die Endstation Schneefernerhaus auf dem Zugspitzplatt (2650 m), das die Fremden mit einem idealen Skigebiet und einem attraktiven Berghotel mit herrlichen Aussichtsterrassen anlockt. Von hier aus kann man mit einer weiteren Kabinenbahn die 750 Meter lange Steilstrecke zum Gipfel mit einem Höhenunterschied von 313 Metern in wenigen Minuten hinauffahren, um das grandiose Panorama zu erleben, das die bayerischen, österreichischen und schweizerischen Alpen umfaßt, und das in der Ferne sogar bis zur Berninagruppe an der italienischen Grenze reicht.

Vom Schneefernerhaus führt eine andere Seilbahn auf der österreichischen Seite hinab ins Tal nach Ehrwald am Fuß des Wettersteingebirges. Dieser Ort liegt nur 15 Omnibusminuten von der Bahnstrecke entfernt, auf der man bequem wieder nach Garmisch zurückfahren und die bezaubernde Rundfahrt beschließen kann.

Gegenüber: Blick auf die Gleise der Zugspitzbahn; hier beginnt der steilste Streckenabschnitt.

Oben: Elektrolok aus den dreißiger Jahren auf der Strecke Garmisch–Grainau. Unten links: Im DB-Teil des Bahnhofs in Garmisch. Unten rechts: Die Station Grainau.

Oben: Blick aus der Kabinenbahn auf die Zugspitze.

Mitte: Am Grenzpunkt zwischen Deutschland und Österreich hoch oben auf der Zugspitze.

Unten: Die Bahnstrecke, die in der Nähe von Ehrwald vorbeiführt. Die österreichischen Waggons werden von einer deutschen Lokomotive gezogen.

Die Talstation der Zahnradbahn zum Wendelstein befindet sich zwei Kilometer von Brannenburg entfernt, und dieser Ort liegt an der Bahnlinie nördlich von Kufstein nicht allzuweit hinter der Grenze zwischen Österreich und Deutschland. Die kurze Strecke zum Gipfel, der der Bahnlinie den Namen gab, ist ziemlich steil und bedeutet nahezu eine Stunde Fahrt.

Der Gipfel selbst liegt mit 1837 Meter nur um hundert Meter höher als die Bergstation. Eine Kabinenbahn auf der anderen Seite des Berges führt hinab nach Osterhofen und stellt die Verbindung zu einer regionalen Bahnlinie her.

WENDELSTEINBAHN (WB)

Länge: 7,6 km
Spurweite: 1000 mm
System: Zahnradantrieb Typ Strub
Größte Steigung: 23,5%
Erreichte Höhe: 1723 m
Höhenunterschied: 1215 m
Versorgungsspannung: 1500 V (=)
Bauzeit/Eröffnung: 1912

Oben: Oberhalb der Baumgrenze und nahe dem Gipfel geht es an steilen Felswänden entlang.

Mitte: Lokomotiven und Waggons aus der Frühzeit dieses Jahrhunderts wurden 1990 ersetzt. Doch einige Züge aus jenen Tagen sind noch heute im Dienst, vielleicht als Beleg für die ehrwürdige Vergangenheit dieser Gebirgsbahn.

Unten: Am Gipfel des Wendelsteins steht eine kleine Kirche. Genau darunter liegt der Tunnel, durch den der Zug fährt.

Wegen seiner günstigen Höhenlage ist der Brenner einer der Pässe, an denen das Überqueren der Alpenkette einigermaßen problemlos möglich ist. Aus diesem Grunde wird er seit jeher ausgesprochen stark frequentiert. Kaufleute aus dem Baltikum querten ihn mit ihren Maultieren, beladen mit Bernstein, römische Legionäre benutzten diesen Weg mit ihren Wagen voller Waffen, barbarische Horden, deutsche Kaiser, denen lange Kolonnen bärtiger Krieger folgten, und vor allem fahrende Händler, die sich von politischen Wirren und Kriegen niemals einschüchtern ließen. Es lag daher nahe, daß es an diesem Übergang auch eine der ersten transalpinen Eisenbahnlinien geben würde.

So wurde schon 1867 die Brennereisenbahn in Betrieb genommen, die ein in jeder Hinsicht bedeutsames Werk darstellte. Zum einen hatte man hier große technischen Probleme bei der Bewältigung des Höhenunterschieds ohne Zahnradantrieb und ohne Tunnel lösen können, zum anderen erlangte die Bahnlinie auch eine erhebliche wirtschaftliche Bedeutung für den Personen- und Güterverkehr. Die Bahnlinie bildet auch heute noch einen der Schwerpunkte im Fremden-

verkehr, von dem aus direkte Verbindungen in die von Bergsteigern und Skiläufern so besonders bevorzugten Dolomiten führen.

Die Fahrt ist ein voller Genuß (vgl. Karte S. 127). Sie beginnt in Bozen, einem Ort, in dem sich romanische und germanische Kulturwelt begegnen, und führt zuerst durch das enge Eisacktal. Dann plötzlich tauchen die Dolomitengruppen von Catinaccio auf mit ihren zahlreichen bizarren Türmchen, zwischen denen sich die unverwechselbaren Konturen der Torri del Vaiolet und dello Sciliar erheben.

Der Zug dringt nun in eine Landschaft mit typisch Südtiroler Charakter vor und passiert dabei nach und nach bezaubernde Seitentäler der Etsch; an Brixen geht's vorbei, dem historischen Städtchen an der Einmündung der Rienz in den Eisack, an Fortezza (Franzensfeste), einem wichtigen Verkehrsknotenpunkt, und an Sterzing, einem Ort mit deutlich nordischem Einschlag. Dann folgt ein unvermittelt steiler Aufstieg zum Brenner, dessen Paß in 1371 Meter Höhe auf einem breiten Sattel liegt und die Wasserscheide zwischen den Flüssen zur Adria und zum Schwarzen Meer

BRENNERBAHN (FS, ÖBB)

Bozen–Brenner–Innsbruck

Länge: 127 km
Spurweite: 1435 mm
Größte Steigung: 2,5%
Erreichte Höhe: 1371 m
Höhenunterschied: 1127 m
Versorgungsspannung: 3000 V (=)/ 15 000 V ≈
Bauzeit/Eröffnung: 1867

bildet. Auch die Grenze zwischen Italien und Österreich markiert der Brennerpaß, und weil die Versorgungsspannungen in beiden Ländern unterschiedlich sind, muß hier auch die Lokomotive gewechselt werden.

Nach der Zollabfertigung fährt man an einem kleinen See entlang und dann abwärts ins Silltal. Schließlich landet man in Innsbruck, der Hauptstadt Tirols, die in einer grünen Mulde liegt, vor dem Nordwind geschützt durch das Massiv des Großen Solstein und die benachbarten Berge.

Rechts: Lokomotiven aus Deutschland und Österreich ziehen einen italienischen Zug, hier an der Nordseite des Brenner. Gegenüber, oben: Der Orientexpreß (VSOE) passiert St. Jodok. Unten links: Die Baureihe 1020 von 1949 ist mittlerweile nicht mehr im Dienst. Unten rechts: Grenzstation am Brennerpaß.

Von der Brennerbahn zweigt gleich hinter Brixen bei Fortezza (Franzensfeste) die Pustertallinie ab, zuerst zum Bruneckpaß, dann über Toblach und Innichen zur italienisch-österreichischen Grenze und weiter an der Drau hinab nach Lienz. Südlich dieser Strecke erheben sich zwischen Etsch und Brenta die Dolomiten mit ihren einzigartigen, bizarren Formen, die aus den Nadelwäldern aufsteigen wie phantastische Burgen, Dolomitfelsen, die sich im Morgen- wie im Abendrot von rosa bis violett färben und eines der wundervollsten Naturschauspiele des ganzen Alpenraums bieten.

Viele der kleinen Gebirgsbahnen in dieser Gegend wurden im Lauf der Zeit unsinnigerweise demontiert. So ist Cortina d'Ampezzo, die unbestrittene Hauptstadt der Dolomitenregion, heute mit keiner Bahn mehr erreichbar. Wer nicht das Auto benutzt, kann in Calalzo, der Endstation der aus Padua kommenden Bahnlinie, den Linienbus nehmen und in einer Stunde in Cortina sein. Ebenso fährt von Toblach ein Bus in 40 Minuten nach Cortina. Die dritte, berühmteste Reiseroute ist die sogenannte »Große Dolomitenstraße«, die

Oben: Talstation der Seilbahn zum Tofana di Mezzo. Unten links: In Gipfelnähe am Tofana. Unten rechts: Cortina d'Ampezzo im Talgrund von der Seilbahn aus.

Gegenüber, links: Im Bahnhof Toblach. Die österreichischen Wagen zieht eine italienische E-Lok der Baureihe E 652. Rechts: Der Bahnhof Lienz in Osttirol.

von Bozen aus über die drei Pässe Costalunga, Pordoi und Falzarego nach Cortina d'Ampezzo führt. Von dort aus gehen viele Seilbahnen strahlenförmig in die Berge. Diejenige zum Tofana di Mezzo (3244 m), genannt »Freccia del cielo« (etwa: »Wolkenkratzer«), bietet ein grandioses Panorama vom Großglockner und Adamello bis hin zu den Lagunen von Venedig.

DIE DOLOMITEN

Bahnlinie Fortezza–Lienz
Omnibuslinien Calalzo–Cortina und Toblach–Cortina
»Große Dolomitenstraße«

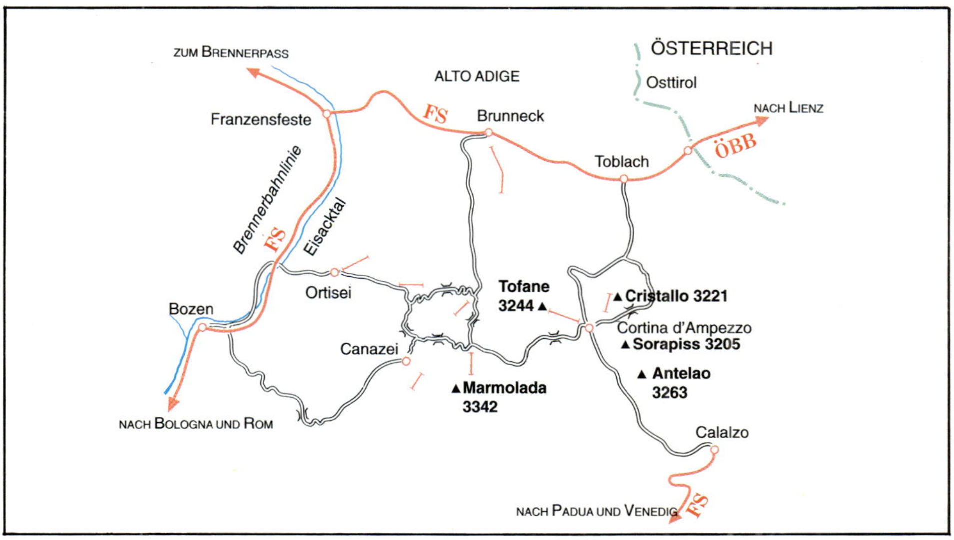

Die Fahrt vom Salzburgerland nach Kärnten ist ganz wundervoll, führt sie doch durch eine seenreiche Landschaft, die dominiert wird von den Gipfeln der Hohen Tauern.

Wie diejenige über den Brenner, so ist auch die Tauernlinie eine wichtige Verbindung zwischen Nord und Süd. In diesem Fall aber hat die Bahnlinie noch eine weitere wesentliche Funktion zu erfüllen, nämlich die Verkehrsverbindung mit Osteuropa, vor allem Slowenien und den Nachbarländern.

Auf dieser Strecke müssen die Züge die Bergkette der Hohen Tauern überwinden, wobei ihnen die Durchfahrt durch den Tauerntunnel zwischen Böckstein (1171 m) und Mallnitz (1180 m) hilft. Der Tunnel ist 8550 Meter lang, in seinem Innern wird der höchste Punkt der Strecke mit 1225 Metern erreicht. Auch der Autotransport durch den Tunnel wird von der Bahn betrieben.

Nach der Tunnelausfahrt in Mallnitz bleibt der Zug in Richtung Kärnten hoch oben an den Berghängen, so daß der Höhenunterschied zwischen den Bahnstationen und den zugehörigen Ortschaften immer ziemlich groß ist.

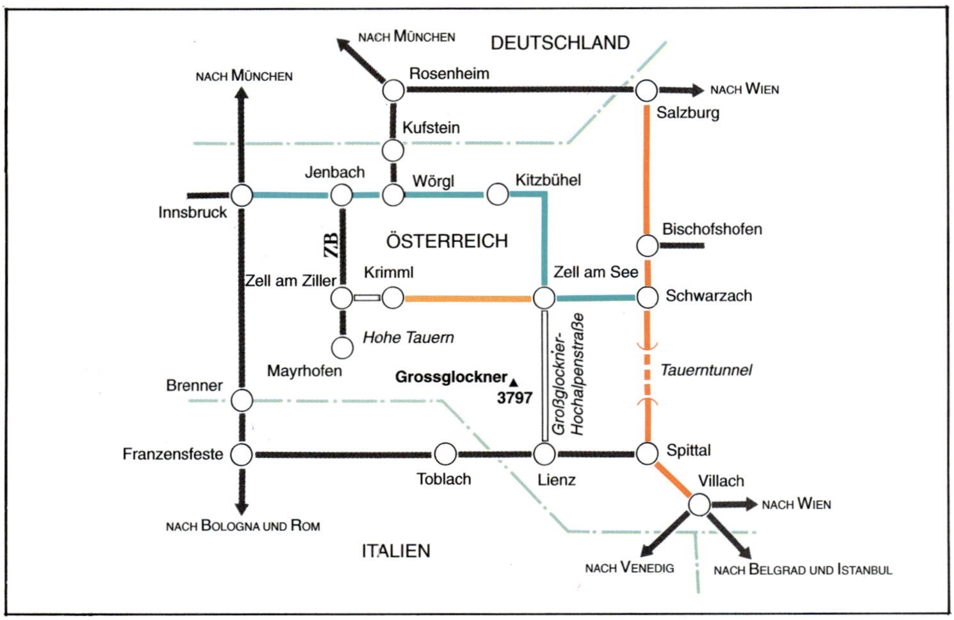

Bei Spittal/Millstätter See trifft diese Bahnlinie auf die von Lienz in Osttirol kommende und verläuft mit ihr gemeinsam zu dem wichtigen Knotenpunkt Villach. Von hier aus ist man in südlicher Richtung sogleich an der slowenischen Grenze; wendet man sich nach Westen, so ist man in Italien, und fährt man weiter nach Nordosten, kommt man nach Wien. Reist man in nördlicher Richtung, so trifft man nach dem Tunnel bei Schwarzach-St.Veit auf die von Innsbruck kommende Bahnlinie, fährt dann durch das Salzachtal, eingebettet zwischen Zweitausendern, und erreicht den Zielort

TAUERNBAHN (ÖBB)

Salzburg–Schwarzach/St.Veit–Spittal/Millstättersee–(Villach)

Länge: 83 km
Spurweite: 1435 mm
Größte Steigung: 2,7%
Erreichte Höhe: 1225 m
Höhenunterschied: 638 m
Versorgungsspannung: 15 000 V/16 2/3 Hz
Bauzeit/Eröffnung: 1905–1909

Gegenüber: Der Zug passiert hier die Talbrücken an der Südseite des Tauerntunnels.

Großes Foto: Autotransportzug auf dem Weg zum Tunnel. Untere Fotos: Auf der Fahrt durch das Salzachtal mit Zweitausendern im Hintergrund.

Foto Seite 130: Das Falkenstein-Viadukt südlich des Tauerntunnels in 963 Metern Höhe ist 410 Meter lang.

Salzburg. Von hier aus geht es Richtung Osten nach Wien, nach Westen aber ist man sehr rasch auf deutschem Boden.

Auf der Strecke von Salzburg nach Innsbruck durchquert man deutsches Gebiet und überschreitet die Grenze nach Österreich erst wieder bei Kufstein. Müßte man auf österreichischem Boden bleiben, würde die Fahrt rund zwei Stunden länger dauern, weil der Zug zunächst nach Süden bis Schwarzach und von dort nach Westen bis Zell am See fahren müßte. Anschließend müßte er wieder in nördliche Richtung drehen, dann die Kitzbühelgruppe überqueren und sich durch mehrere Täler bis ins Inntal quälen.

Südlich von Zell am See erhebt sich das gewaltigste Bergmassiv der Hohen Tauern, der Großglockner, der mit seinen 3797 Metern auch der höchste Gipfel Österreichs ist. Die Großglockner-Hochalpenstraße verbindet Zell am See in Nord-Süd-Richtung mit Lienz und überquert das Gebirge bei Hochtor in 2575 Meter Höhe.

Eine interessante Tour ist die Autobusfahrt von Zell am See zur Franz-Josephs-Höhe (2369 m). Ebenfalls von Zell am See aus nach

Westen verläuft die Schmalspurlinie durch den Pinzgau mit nur 760 mm Spurweite. Gleich nördlich der Bahnlinie erhebt sich das Kitzbühelmassiv, und der Zug fährt durch das Tal, das dieses Gebirge von den Hohen Tauern im Süden trennt, über Mittersill bis nach Krimml, bekannt vor allem durch seine Wasserfälle.

Fotos rechts von oben nach unten: Zollbüro für den Transit nach Deutschland im Salzburger Bahnhof; Zuglauftafel an einem in Salzburg haltenden Zug von Budapest nach Paris; Sonderzug mit Dampflok in Krimml, der Endstation der Pinzgaulinie; im Salzachtal mit Schloß Hochwerfen im Hintergrund. Unten links: Diesellok der Baureihe 2095 für 760 mm Schmalspur auf der Pinzgaulinie.

Der Ort St. Wolfgang am bezaubernd schönen See gleichen Namens ist im Sommer ein beliebtes Fremdenverkehrsziel. Schon seit den dreißiger Jahren ist er weithin bekannt durch Benatzkys Operette »Im Weißen Rößl«, deren Titel auch das Hotel trägt, in dem sich das Ganze zugetragen haben soll. Gerade über der Ortschaft erhebt sich der 1783 Meter hohe Schafberg, der von drei Seen umgeben ist. Seinen Gipfel kann man von St. Wolfgang aus mit einer steil hinaufkletternden Dampf-Zahnradbahn (vgl. Karte S. 135). Die Linie ist im Besitz der Österreichischen Bundesbahnen, so daß man hier mit dem Eurail-Paß fahren kann; in Betrieb ist sie jedoch nur in den Sommermonaten.

Von der Endstation Schafberg-Spitze (1734 m) bzw. dem ganz in der Nähe liegenden Gipfel kann man einen herrlichen Ausblick genießen: so weit das Auge reicht, dichte Wälder an den Hängen, vergleichbar mit dem Blick vom Rigi aus, und zwischen den Erhebungen die Seen – mindestens vierzehn an der Zahl.

Die Talstation der Bahn erreicht man per Autobus direkt von Salzburg oder Bad Ischl

Obere Fotoreihe von links: Bei einem Zwischenhalt wird die Lok mit Wasser versorgt; Fahrgastschiff auf dem Wolfgangsee; der Bahnhof in St. Wolfgang; Dieseltriebwagen von 1964.

Unten links: Schwarzen Rauch stößt die Dampflok von 1893 in die Luft, die den Waggon mühsam den steilen Hang hinaufschiebt. Unten rechts: Ankunft an der Bergstation Schafberg-Spitze.

aus. Auf beiden Linien freilich verkehren nur wenige, meist sehr volle Busse. Angenehmer ist die Fahrt von Salzburg aus mit der Buslinie, die in St. Gilgen am Westzipfel des Sees endet, und von dort mit dem Schiff hinüber nach St. Wolfgang.

SCHAFBERGBAHN (ÖBB)

St. Wolfgang–Schafberg-Spitze

Länge: 5,8 km
Spurweite: 1000 mm
System: Zahnradantrieb Typ Abt
Größte Steigung: 25,5%
Erreichte Höhe: 1734 m
Höhenunterschied: 1197 m
Bauzeit/Eröffnung: 1893

Das Salzkammergut östlich von Salzburg ist die malerischste Gegend der nördlichen Voralpen. Die Berge hier erreichen oft 2000 Meter, und Seen gibt es zu Dutzenden. Eine Lokalbahn beginnt in Attnang-Puchheim an der Fernstrecke Salzburg–Wien und endet in Stainach-Irdning im Ennstal.

Hinter Gmunden mit seiner berühmten Pfarrkirche Jungfrau Maria und Erscheinung des Herrn (Hochaltar mit den Heiligen Drei Königen) fährt der Zug am Westufer des Traunsees entlang und hält in Bad Ischl. Der Kurort kam 1822 in Mode, als man die Heilwirkung seines Wassers entdeckte, und wurde deshalb von vielen berühmten Persönlichkeiten aufgesucht.

Weiter südlich folgt die Bahn dem Ufer des Hallstätter Sees, der allseits von steilen Berghängen umgeben ist. Der Ort Hallstatt, bekannt für seine Funde aus der Eisenzeit, liegt auf einem schmalen Streifen in einer Bucht am Südwestufer des Sees, in der sich die Häuser eng an die Bergwände anschmiegen. Der Bahnhof, der aus Platzmangel am Ostufer liegt, ist nur mit der Fähre zu erreichen. Am Südostufer des Sees, in Obertraun, kann

Foto links: Eine Kabine der Dachsteinbahn auf dem Weg hinauf zum Krippenstein. Unten: Fahrt am Ufer des Hallstätter Sees entlang, der eingepfercht ist zwischen steilen Berghängen. Gegenüber, kleines Foto: Die Ortschaft Hallstatt vom See aus gesehen. Rechts davon: Der Lokalzug, der Attnang-Puchheim mit Stainach-Irdning verbindet.

man den Zug verlassen und sich zu Fuß oder per Bus zur Talstation der Kabinenbahn begeben, die hinauf zum Krippenstein (2105 m) führt, einem der schönsten Skigebiete Österreichs. Steigt man an der Zwischenstation der Kabinenbahn aus, kann man die Dachsteinhöhlen besuchen.

DAS SALZKAMMERGUT

Gmunden–Bad Ischl–Hallstätter See

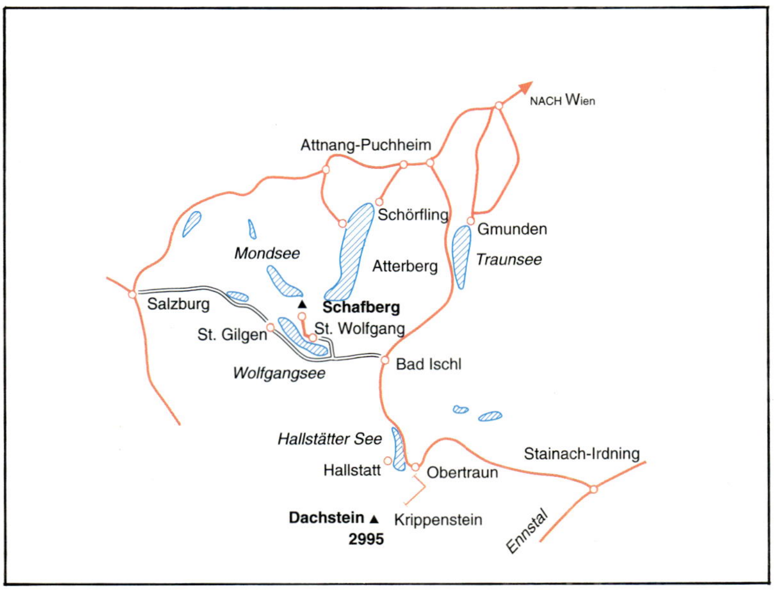

SEMMERINGBAHN (ÖBB)

Gloggnitz–Semmering–Mürzzuschlag

Länge: 41 km
Spurweite: 1435 mm
Größte Steigung: 2,5%
Erreichte Höhe: 898 m
Höhenunterschied: 459 m
Versorgungsspannung: 15 000 V/16 2/3 Hz
Bauzeit/Eröffnung: 1854

Der Semmeringpaß (980 m) verbindet die Gegend um Wien mit dem Mürztal und der Stadt Graz, der Landeshauptstadt der Steiermark.

Der alte Maultierpfad, der in frühen Zeiten über diesen Paß – den nördlichsten der Alpen – führte, traf weiter südlich auf den direkten Weg zur nördlichen Adria. Dieser wurde 1728 durch eine befahrbare Straße ersetzt und zu Beginn und des 19. Jahrhunderts nochmals neu angelegt. Die Eisenbahnlinie zwischen Gloggnitz und Mürzzuschlag, die ihren Namen vom Semmeringpaß erhielt, folgt weitgehend dieser Straße (vgl. Karte S. 136). Sie beginnt im Tal der Schwarza und passiert dann in 898 Meter Höhe den Semmering in einem 1431 Meter langen Tunnel. Sie war die erste Eisenbahnlinie, die die Alpen überquerte, und bildete einen wichtigen Abschnitt der großen Verkehrsader Wien–Triest. In ihrer Zeit wurde sie, vor allem wegen der kühnen Serpentinen auf der Ostseite, der fünfzehn Tunnel und der sechzehn Viadukte, als große technische Leistung gefeiert. Der Viadukt über die »Kalte Rinne« mit seinen zweifach übereinander angeordneten Arkaden ist das markanteste Bauwerk an der Strecke.

Oben: Ein Viadukt an der Auffahrt zum Semmering, über das gerade ein Triebwagen der Reihe 4010 fährt. Unten: Zwei Lokomotiven der Reihe 1042 ziehen die Wagen über ein Viadukt derselben Bahnlinie.

SCHNEEBERGBAHN (ÖBB)

Puchberg–Hochschneeberg

Länge: 9,5 km
Spurweite: 1000 mm
System: Zahnstange Typ Abt
Größte Steigung: 20%
Erreichte Höhe: 1795 m
Höhenunterschied: 1218 m
Bauzeit/Eröffnung: 1897

Von der Hauptstrecke von Wien zum Semmeringpaß zweigt kurz hinter Neunkirchen eine Nebenbahn ab und führt nach Puchberg am Schneeberg, einem kleinen Luftkur- und Wintersportort auf etwa 600 Meter Höhe. Er wird beherrscht von einer Burgruine aus dem 12. Jahrhundert, zu der man auch mit einer Kleinbahn hinauffahren kann.

Puchberg ist Ausgangspunkt einer Gebirgsbahn, auf der historische Dampfloks aus der Zeit zwischen 1897 und 1900 und kleine, uralte Waggons eingesetzt werden. Diese Bahn vermittelt dem neugierigen Fahrgast das Gefühl, eine Reise in die Vergangenheit zu machen, in die Atmosphäre der letzten Jahrzehnte der österreichisch-ungarischen Monarchie.

Für die 9,5 Kilometer bis zur Bergstation Hochschneeberg (1795 m) durch ausgedehnte Skigebiete braucht die kleine Zahnradbahn eine Stunde und zwanzig Minuten.

Von Hochschneeberg aus laden im Sommer mehrere gepflegte Fußwege zu interessanten Touren ein, während in der Wintersaison dieser Ort für Skiläufer ein heißer Tip ist. Man befindet sich hier unterhalb des Klosterwappen-Gipfels, der mit 2076 Metern die höchste Erhebung der östlichen Ostalpen ist.

Oben, von links nach rechts: Zwischenstation der Schneebergbahn; im Innern der Zahnradbahn; der Zug an der Talstation Puchberg. Unten: Kurz vor der Endstation: Die Dampflok schiebt zwei Wagen den steilen Berg hinauf.

Zahnradantriebe, Lokomotiven und Reisewege durch die Alpen

Die Steigung, die von Eisenbahnzügen im Normalfall noch sicher befahren werden kann, hängt von verschiedenen Faktoren ab. Systembedingt ist die Reibung zwischen Rad und Schiene, die Adhäsion, bei einer Eisenbahn im reinen Reibungsbetrieb sehr gering. Es hat daher schon in der Frühzeit der Eisenbahn nicht an Versuchen gefehlt, die Reibung zu erhöhen. Dabei kam es zu recht skurilen Konstruktionen wie z. B. einem Teleskopstangen-Antrieb, bei dem die Fahrzeuge über ein kompliziertes Stangensystem verfügten, mit dem sie sich vom Boden abstießen. Ein anderer Versuch war der Betrieb mit künstlich geriffelten Schienen. Stephenson neigte bei starken Steigungen gerne dazu, einen Drahtseilbetrieb zu empfehlen, wie es ihn lange Zeit auf der Strecke von Erkrath nach Hochdahl im Rheinland gegeben hat.

Allen derartigen Versuchen blieb letztlich der Erfolg versagt. Der Bau der großen Alpenbahnen zeigte, daß es möglich ist, durch Festlegen entsprechender Maximalsteigungen das Bezwingen auch langer Steigungsstrecken im reinen Reibungsbetrieb zu ermöglichen. Allerdings waren für das Einhalten dieser Maximalsteigungen häufig künstliche Streckenverlängerungen erforderlich, was meist eine sehr aufwendige und damit teure Bauweise der Bahn zur Folge hatte. So kam diese Bauweise im Wesentlichen nur für die großen Alpentransversalen (Semmering, Gotthard, Brenner u. a.) in Frage.

Für die kleineren Verbindungen suchte man nach anderen Lösungen. Es zeigte sich, daß in Abhängigkeit vom Gewicht des Zuges, der Bremsanlage und anderen Faktoren die maximale Steigung, die im Reibungsbetrieb noch sicher befahren werden kann, etwa bei 8% liegt, d. h. 80 Meter Höhe auf 1 km Strecke. Für Strecken mit einer größeren Steigung bedurfte es der künstlichen Vergrößerung der Reibung.

Im Jahre 1869 wurde in den USA die erste Zahnradbahn der Welt zum Mount Washington in Betrieb genommen. Dieses Prinzip der Kraftübertragung wurde in Europa insbesondere in der Schweiz von den Erfindern Riggenbach, Abt und Strub in einer jeweils speziellen Ausprägung weiterentwickelt und mit Erfolg auf zahlreichen Bergbahnen angewandt. Allen drei Systemen liegt das gleiche Prinzip zugrunde: In eine dritte Schiene, die mit Lamellen (den Zähnen) ausgerüstet ist, greift ein Antriebszahnrad des Triebfahrzeuges ein und gewährleistet so eine kraftschlüssige Verbindung. Mit dieser Antriebstechnik ist es möglich, wesentlich größere Steigungen (bis zu 30%) zu überwinden, allerdings ist der Betrieb recht aufwendig, man denke nur an die erforderlichen komplizierten Weichenkonstruktionen. Für Hauptstrecken kommt der Zahnradbetrieb nur bedingt in Frage, da die Zuglasten begrenzt sind und Zahnstangenabschnitte nur mit mäßiger Geschwindigkeit befahren werden können. In der Praxis führte dies zu der Lösung des gemischten Betriebes, wie man ihn z. B. bei der Furka-Oberalp-Bahn erleben kann: die Strecke wird im Wesentlichen im Reibungsbetrieb befahren, lediglich an den besonders steilen Abschnitten kommt der Zahnradantrieb zum Einsatz.

Die vollständig als Zahnradbahn angelegten Strecken sind gewöhnlich relativ kurz. Bei denjenigen für »gemischten Betrieb« wird der

Verschiedene Zahnstangenformen: rechts und links außen Typ Riggenbach; dazwischen von links die Typen Locher, Strub und Abt (Foto: Verkehrshaus der Schweiz, Luzern).

Land	Lok-Modell	Leistung (kW)	Geschwin-digkeit	Gewicht in to	Indienst-stellung	Betriebsspan-nung kV, (Hz)	Bemer-kungen
Frankreich	CC 6500	5900	100	116	1969	1,5 Gleichstrom	
	BB 25150	3400 4130	130	89	1967	1,5 Gleichstrom 25 (50)	zwei Strom-arten
	BB 67400	1525	140	83	1969	Diesel	
Italien	646	3780	140	110	1961	3 Gleichstrom	
	656	4200	150	120	1975	3 Gleichstrom	
	652	4900	160	106	1989	3 Gleichstrom	
Schweiz	Ce 6/8 II	1650	65	126	1920	15 (16 2/3)	noch im Dienst
FFS/SBB	Ae 6/6	4300	125	120	1952	15 (16 2/3)	
	Re 6/6	7800	140	120	1972	15 (16 2/3)	
	Re 4/4 II	4650	140	80	1964	15 (16 2/3)	
	Re 4/4 IV	4960	160	80	1982	15 (16 2/3)	
	Re 4/4 460	6100	230	81	1991	15 (16 2/3)	
BLS	Ae 4/4	2950	125	80	1944	15 (16 2/3)	
	Re 4/4	4990	140	80	1964	15 (16 2/3)	
SBB	HGe 4/4 101	1875	100	64	1989	15 (16 2/3)	
RhB	Ge 6/6 II	1776	80	65	1958	11 (16 2/3)	
RhB	Ge 4/4 II	1691	90	50	1973	11 (16 2/3)	
Österreich	1042.5	4000	150	84	1968	15 (16 2/3)	
	1044	5400	160	83	1974	15 (16 2/3)	
	1012	6000	230	82	1992	15 (16 2/3)	
Deutschland	111	3700	150	83	1975	15 (16 2/3)	

Übergang vom Reibungs- zum Zahnradantrieb durch ein Stück federnd gelagerte Zahnstange mit niedrigeren Zähnen überbrückt, wodurch das Einfahren der Zahnräder während der Fahrt erleichtert wird.

Trotz der grundsätzlichen Betriebstauglichkeit des Zahnradantriebes blieb der im Vergleich zur Reibungsbahn wesentlich aufwendigere Betrieb, so daß die Bahnverwaltungen stets bemüht waren, wo immer es möglich war, den Zahnradbetrieb zu ersetzen. Vielerorts gelang das durch die Weiterentwicklung in der Lokomotivtechnik, sodaß sich heute der Zahnradbetrieb im Wesentlichen auf reine Gebirgsbahnen beschränkt. So sind z. B. von den ursprünglich zahlreichen Zahnradbahnen in Deutschland gerade vier Strecken übriggeblieben, während die anderen entweder eingestellt wurden oder im reinen Reibungsbetrieb als Steilstrecke (wie z. B. in Thüringen oder im Harz) betrieben werden. Nach wie vor häufig anzutreffen ist der Zahnradantrieb in den Alpenländern, insbesondere in der Schweiz. Hier gibt es reine Zahnradbahnen ebenso wie Bahnen im gemischten Verkehr. Die meisten dieser Bahnen sind Schmalspurbahnen und dienen in der Hauptsache dem Ausflugsverkehr. Auch die steilste Zahnradbahn der Welt fährt in der Schweiz. Die Pilatusbahn hat eine Steigung von 48% und fährt mit einer besonderen Zahnstange, benannt nach ihrem Erfinder Locher: dabei stehen die Zähne der Zahnstange nicht senkrecht, sondern waagerecht, entsprechend greifen die Zahnräder von beiden Seiten in die Doppellamelle ein. Damit soll ein Aufklettern der Zahnräder auf die Zahnlamellen vermieden werden.

Die wichtigsten Lokomotiven auf den Alpenstrecken

SBB Re4/4 IV

SBB Ae6/6

SBB HGe4/4 101

SBB Re6/6

SBB Ce6/8 II

RhB Ge6/6 II

SBB Re4/4 II

BLS Re4/4

FS 652

DB 111

ÖBB 1042.5

SNCF BB25150

FS 646

ÖBB 1044

SNCF BB67400

FS 656

ÖBB 1044

Sowohl für die Reibungsbahnen als auch für die Zahnradbahnen im Gebirge waren stets besondere Lokomotivkonstruktionen erforderlich. Auf den großen Alpentransversalen wurde schon frühzeitig die elektrische Zugförderung eingeführt. Die bekanntesten Lokomotiven der elektrisch betriebenen Gebirgslokomotiven waren die sogenannten »Krokodile« der Reihen Ce 6/8 (Schweiz) und 1189 (Österreich). Auch die deutsche E 94 verdankt ihre Entstehung nicht zuletzt dem geplanten Einsatz auf Gebirgsstrecken im okkupierten Österreich. Ähnliche Lokkonstruktionen gab es auch auf schmaler Spur, man denke nur an das »Rhätische Krokodil« der Reihe Ge 6/6 der RhB. Stets wurden von den Bahnverwaltungen die leistungsstärksten Lokomotiven auf den Gebirgsstrecken eingesetzt wie zum Beispiel die gigantische Doppellokomotive Ae 8/14 der SBB, zu ihrer Zeit die stärkste E-Lok der Welt. Mittlerweile hat auf den Hauptlinien die moderne Technik Einzug gehalten, die Schweizer »Lok 2000« der Reihe Re 4/4 V bewältigt neben den Loks der Reihe Re 6/6 einen Großteil des Verkehrs am Gotthard, die frühere klassische Gotthardlok der Reihe Ae 6/6 ist ins Flachland abgewandert. In Österreich verkehren allerorten die modernen Loks der Reihe 1044, die letzten »Krokodile« der Reihe 1020 fahren nur noch im Sonderzugdienst.
Auf den Schmalspurbahnen ist die Entwicklung ähnlich verlaufen, die großen Gesellschaften in der Schweiz (RhB, FO, MOB, SBB-Brünigbahn) setzen mittlerweile ganz auf die moderne Technik und haben mit der HGe 4/4 eine hochmoderne Lok für gemischten Zahnrad-und Adhäsionsbetrieb im Einsatz, die für alle Zugarten eingesetzt werden kann. Allerdings betreiben alle Bahnen für den Ausflugs- und Touristenverkehr noch immer einige Oldtimer, um den Besuchern anschaulich den Betrieb früherer Tage zu zeigen.
Auf den reinen Zahnradbahnen ist vielerorts ein Trend zur Nostalgie zu erkennen. So hat die österreichische Schafbergbahn erst 1996 zwei fabrikneue Dampfloks erhalten, die allerdings mit den bislang dort eingesetzten Maschinen wenig mehr als ihr äußeres Erscheinungsbild gemeinsam haben. Andere Bahnen hüten sorgsam ihre Dampfloks aus den Anfangstagen und setzen sie zur Freude der Fans vor (bzw. bei Zahnradbahnen besser hinter) Touristikzügen ein.

Erschwerend für den Betrieb auf den großen Alpenlinien ist die Zugehörigkeit zu verschiedenen Bahnverwaltungen. Einzig zwischen Deutschland und Österreich ist ein freizügiger Austausch der Lokomotiven möglich. Die SBB betreibt ihre Linien zwar mit demselben Stromsystem wie die Deutsche Bahn und die ÖBB, allerdings weicht die Fahrdrahtnorm und damit die Stromabnehmerbauart von den anderen Bahnen ab. In Italien und Frankreich wiederum ist das Stromsystem von dem der anderen Bahnen verschieden, so daß an den Grenzbahnhöfen die Lokomotive gewechselt werden muß. Neuerdings bemüht sich Österreich, mit der Mehrsystemlokomotive der Reihe 1822 den Verkehr am Brenner flüssiger zu gestalten. Immerhin laufen wenigstens die Wagen der verschiedenen Bahnverwaltungen durch – Bremsen, Kupplungen, Spurweite und andere technische Eckdaten sind soweit vereinheitlicht, daß ein Austausch relativ problemlos möglich ist. So ist es normal, daß auf den großen Alpenbahnen Fernzüge unterwegs sind, die aus Wagen verschiedener Bahnverwaltungen bestehen.

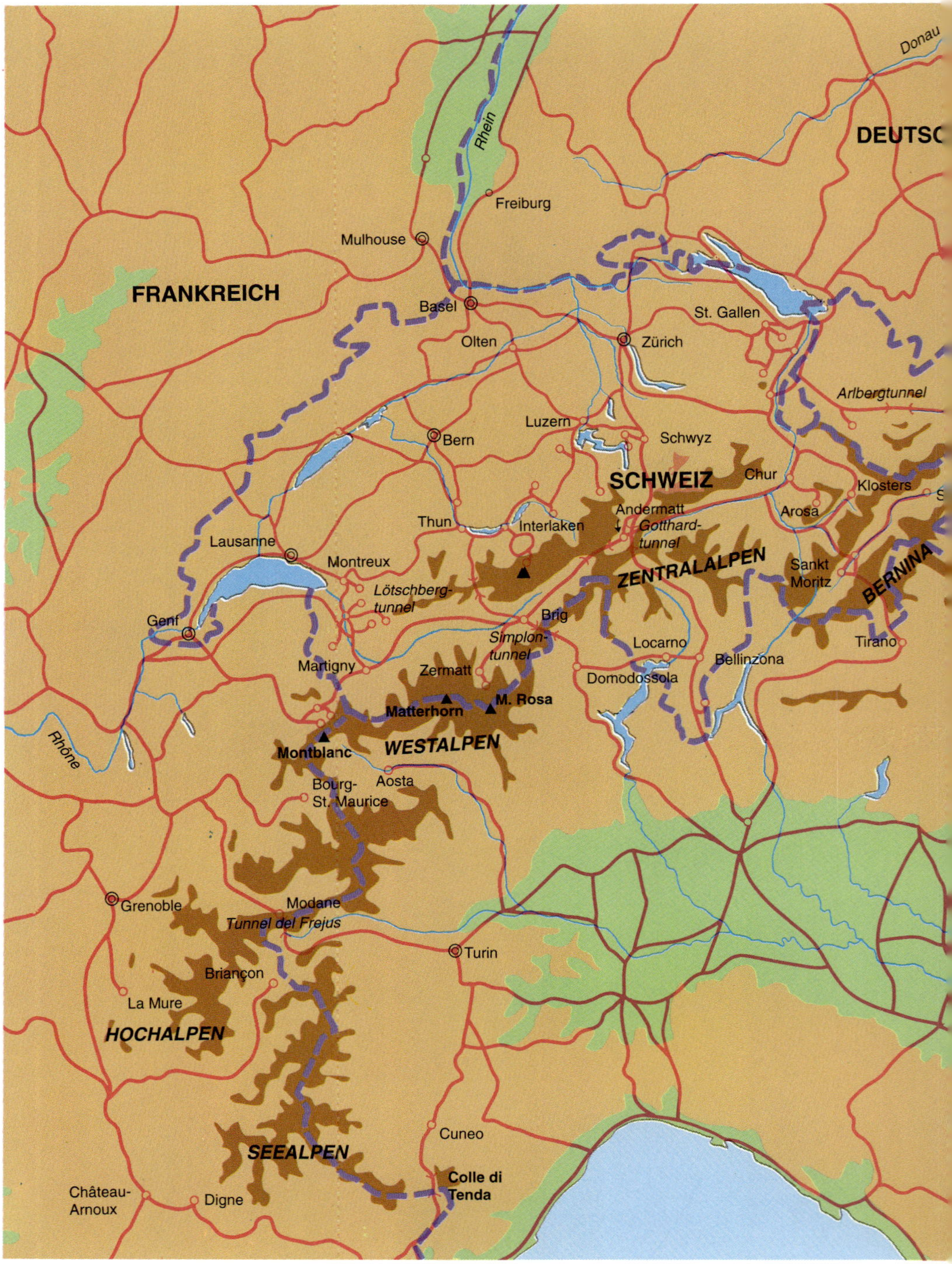
Donau
DEUTSC
Rhein
Freiburg
Mulhouse
FRANKREICH
Basel
St. Gallen
Olten
Zürich
Arlbergtunnel
Luzern
Bern
Schwyz
SCHWEIZ
Chur
Klosters
Andermatt
Arosa
Thun
Interlaken
Gotthard-
tunnel
Lausanne
Montreux
ZENTRALALPEN
Sankt
Moritz
BERNINA
Lötschberg-
tunnel
Brig
Genf
Simplon-
tunnel
Locarno
Tirano
Bellinzona
Martigny
Zermatt
Domodossola
M. Rosa
Matterhorn
Rhône
WESTALPEN
Montblanc
Bourg-
St. Maurice
Aosta
Grenoble
Modane
Tunnel del Frejus
Turin
Briançon
La Mure
HOCHALPEN
Cuneo
SEEALPEN
Colle di
Tenda
Château-
Arnoux
Digne

AND
München
Inn
Donau
NACH WIEN
ÖSTERREICH
Rosenheim
Salzburg
Bad Ischl
Garmisch-Partenkirchen
Jenbach
Zell am See
HOHE UND NIEDERE TAUERN
Arlberg
ZILLERTALER ALPEN
Tauern-
tunnel
RÄTISCHE ALPEN
Lienz
Spittal
Klagenfurt
Brixen
Villach
KARNISCHE ALPEN
DOLOMITEN
Cortina d'Ampezzo
Bozen
Pieve die
Cadore
Udine
Lubiana
Trient
N

Streckenpläne der Alpenbahnen

Die beiden auf dieser Seite vorgestellten Streckenpläne – rechts eine durchgehende Route von Genf bis Wien, links eine Rundfahrt mit Start und Ziel in Zürich – verbinden viele der bekanntesten Städte und Zwischenstationen der Alpenregion, die ihrerseits oft Ausgangspunkt weiterer in diesem Buch beschriebener Gebirgsbahnen sind. Zu jedem Streckenstück ist der Name der Gesellschaft angegeben, die die Bahnlinie betreibt; in einigen Fällen wird auch auf Omnibuslinien hingewiesen.

Bahn	Station
	Zürich
SBB	
	Luzern
	◉ Rigi (VRB, ARB)
	◉ Pilatus (PB)
	◉ Titlis (LSE)
SBB	
	Brienz
	◉ Rothorn (BRB)
SBB	
	Interlaken, Grindelwald
	◉ Jungfrau (BOB, WAB, JB)
	◉ Schynige Platte (SPB)
BLS	
	Spiez
SEZ	
	Zweisimmen
MOB	
	Montreux
	◉ Rochers de Naye (MGN)
	◉ Diablerets (ASD)
	◉ Champéry (AOMC)
SBB	
	Martigny
MC+ SNCF	
	Chamonix
	◉ Aiguille du Midi
	◉ Montenvers (CM)
	◉ Le Glacier (STMB)
SNCF+ MC	
	Martigny
SBB	
	Brig
BVZ	
	Zermatt
	◉ Gornergrat (GGB)
BVZ	
	Brig
SBB	
	Domodossola
SSIF	
	Locarno
SBB	
	Bellinzona
SBB	
	Göschenen
FO	
	Andermatt
FO + RhB	
	St. Moritz
	◉ Tirano (RhB)
RhB	
	Scuol
Omnibuslinie	
	Landeck
ÖBB	
	Innsbruck
	◉ Jenbach (ZB, AB)
	◉ Zugspitze
ÖBB/FS	
	Toblach
Omnibuslinie	
	Cortina d'Ampezzo
Omnibuslinie	
	Toblach
FS/ÖBB	
	Spittal/Millstätter See
ÖBB	
	Salzburg
Omnibuslinie	
	St. Wolfgang
	◉ Schafberg
Omnibuslinie	
	Bad Ischl, Hallstatt
ÖBB	
	Stainach Irdning
ÖBB	
	Innsbruck
ÖBB	
	Zürich

Bahn	Station
	Genf
SNCF	
	St. Gervais
SNCF	
	Chamonix
	◉ Le Glacier (STMB)
	◉ Montenvers (CM)
	◉ Aiguille du Midi
SNCF + MC	
	Martigny
SBB	
	Montreux
	◉ Diablerets (ASD)
	◉ Champéry (AOMC)
	◉ Rochers de Naye (MGN)
MOB	
	Zweisimmen
BLS	
	Interlaken, Grindelwald
	◉ Jungfrau (BOB, WAB, JB)
	◉ Schynige Platte (SPB)
SBB	
	Brienz
	◉ Rothorn (BRB)
SBB	
	Luzern
	◉ Pilatus (PB)
	◉ Titlis (LSE)
	◉ Rigi (VRB, ARB)
SBB	
	Bellinzona
SBB	
	Locarno
FART	
	Domodossola
SBB	
	Brig
BVZ	
	Zermatt
	◉ Gornergrat (GGB)
RhB	
	St. Moritz
	◉ Tirano (RhB)
RhB	
	Scuol
Omnibuslinie	
	Landeck
ÖBB	
	Innsbruck
	◉ Jenbach (ZB, AB)
	◉ Zugspitze
ÖBB/FS	
	Toblach
Omnibuslinie	
	Cortina d'Ampezzo
Omnibuslinie	
	Toblach
FS/ÖBB	
	Spittal/Millstätter See
ÖBB	
	Salzburg
Omnibuslinie	
	St. Wolfgang
	◉ Schafberg
Omnibuslinie	
	Bad Ischl, Hallstatt
ÖBB	
	Stainach-Irdning
ÖBB	
	Bruck an der Mur
ÖBB	
	Wien
ÖBB	
	Wiener Neustadt
	◉ Schneeberg